JN268444

生態系にやさしい下水道をめざして

生態系との共生をはかる下水道のあり方検討会 編

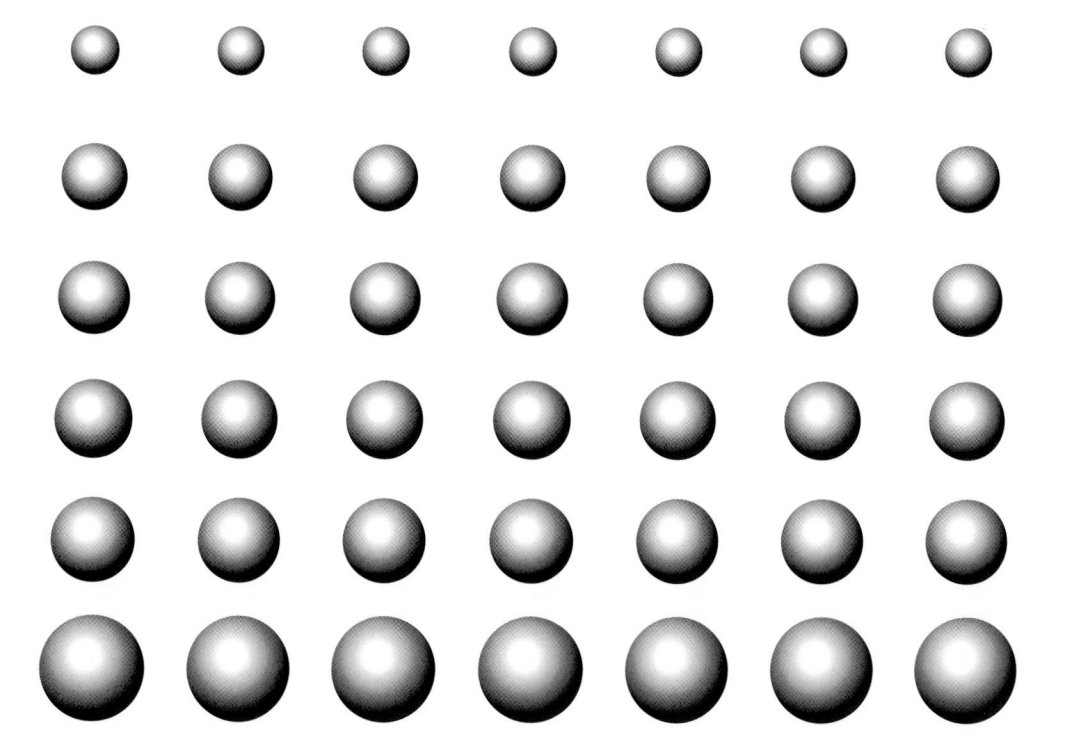

技報堂出版

はじめに

　明治から始まる日本の近代下水道においては，雨水による浸水問題や停滞した汚水による伝染病の発生を防ぐことを目的に下水道の整備が行われましたが，財政上の問題や戦争などによって，その普及はなかなか進みませんでした。
　その後，昭和30年代から高度経済成長期に入ると，とくに都市域における河川や湖沼・海域は，工場排水や生活排水の流入によって著しく水質が悪化していきました。
　このような背景の中，昭和45年の『下水道法』改正に際し，「公共用水域の水質の保全に資する」という一項がその目的に加えられ，また，同年に成立した『水質汚濁防止法』によっても水質の保全のための下水道の役割と責任が位置づけられました。これらの法整備を受けて，都市域をはじめ各地において下水処理場が設置されて稼働し，下水道普及率が上がってきました。これに伴い，水質汚濁は徐々に改善され，都市内からドブ川が一掃されて，一度は姿を消した魚が河川に再び姿をみせるようになるなど，生物の生息・生育環境の改善に大きな成果をあげてきました。
　一方で，下水道普及率の向上に伴って，河川流量中に占める下水処理水の割合が増加しており，このような河川の水質および流量は，放流される処理水に大きく左右されます。このため，生態系によりやさしい下水道とするため，処理水の水質や，水量の配分をいかにすべきかを研究していく必要があります。
　また，都市への人口集中は洪水や浸水の被害を大きくし，その解決策として，水路を深く掘り下げたり，覆蓋して地中化したりして，結果的に水路を人から遠ざける工法がとられてきました。この仕組みによって都市は水害から守られているわけですが，空間的に都市を眺めると水辺空間に乏しく，そのため「都市砂漠」と俗称されるような，動植物の生息・生育の場としては著しく乾燥した環境に変貌させてしまいました。
　現在，一部の地方自治体では，処理水を放流するにあたって「なじみ放流」として水質はもとより水温などにも配慮した放流方法に改良したり，都市内の水路に処理水を供給して修景整備とあわせて水辺空間を創出したり，処理水を使った良好な水

環境づくりを進める試みが行われています。また，処理場を都市内の緑地空間として開放している例や，場内の安定池などを活用してビオトープを創出し地域住民と連携して活動を行っている事例もあり，これらは下水道のもつ可能性の一面を示すものといえます。

　本書は，今後の下水道の重要な展望の一つともいえる「生態系との共生をはかる下水道」について，わかりやすく解説することを目的として平成12年に発足した「生態系との共生をはかる下水道のあり方検討会」で，企画・制作したものです。この中で，下水道と生態系とのかかわりはいかにあるべきかをテーマとして，その必要性とともに，考え方や取組みの事例を中心にとりまとめました。

　「生態系との共生をはかる下水道」については，全体像が必ずしも明確でなく，また技術的にも解決すべき事柄が数多く残されていることから，今後，調査研究が進み実態が明らかとなれば，本書で記載した内容について改訂すべき部分もでてくるであろうことをあらかじめお断りしておくとともに，識者のご意見とご教授をいただければ幸いです。

　本書の刊行にあたっては，(社)淡水生物研究所 森下郁子 所長，大阪府立大学 谷田一三 教授，信州大学 桜井善雄 名誉教授，東京農工大学 小倉紀雄 教授をはじめとする多くの方々から貴重なご意見とご指導をいただきました。ここに記して感謝を申し上げます。

　　　2001年3月

　　　　　　　　　国土交通省都市・地域整備局下水道部流域管理官付
　　　　　　　　　　　　　流域下水道計画調整官　高 島　英 二 郎

[本書における言葉の定義]

　生態系は形態や対象範囲が千差万別であり，その内容も多岐にわたるものです。また，生態系について述べる際に使用される語句は，一つひとつがさまざまな意味合いを含んでおり，使用に際しては十分配慮する必要があります。したがってここでは，誤解を招いたり，正確な判断を妨げたりすることがないよう，生態系およびこれに関する語句についての本書における使い方を明確にしておきます。

【生態系（ecosystem）】
　一つの生物だけでなく，周りの多くの生物や環境も含めて互いに関係しあっている状態のこと。

【保全（conservation）】
　生態系の機能について，維持あるいはその回復などを図ること。
　本書では保護，復元，再生が該当するものとする。

【保護（reservation, protection）】
　生態系を外的干渉・破壊から守り，その機能を維持し，荒廃しないように良好な状態に保つこと。

【復元（restoration）】
　主に自然の回復力に期待し，また必要に応じて元の状態を意識しながら，その状態に近づけるように管理を行い，かつてその場所に存在した生態系が回復し，機能を存続できるようにすること。

【再生（regeneration, rehabilitation）】
　生態系が人為的または自然災害などによる改変で失われた場合に，元の環境にできるだけ近い生息・生育空間を回復させること。
　本書では水の流れが消えた水路の回復などが該当する。

【創出（creation）】
　生態系を復元あるいは再生することが難しい場所に，自然的条件に照らして手を加えることにより，地域に応じた新たな生息・生育空間を創り出すこと。

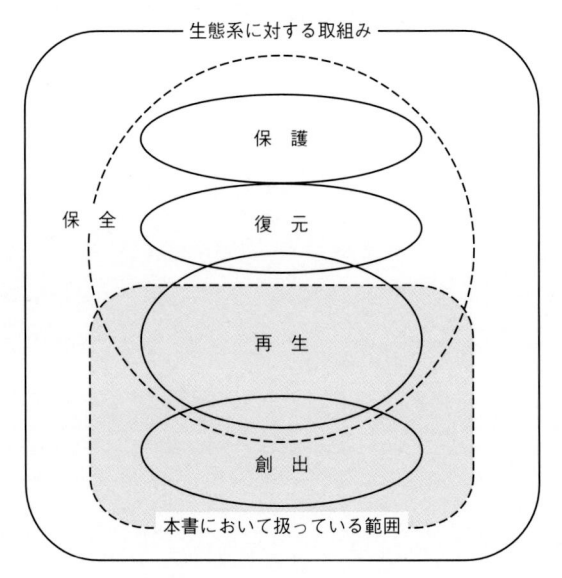

上述の語句の関係［生態系に対する取組みにおける内容］
一つの施策において復元と再生または再生と創出が重なる場合がありうる
本書における対象範囲は本文**4.3.2.**で説明

【ビオトープ（biotope）】

「生物相で特徴づけられる野生生物の生活環境（場所・空間）」と定義される。したがって，本来は「ごく狭い場所に人為的に創り出された生息・生育環境」だけを指すものではない。

本書の中では，下水道でかかわることのできる範囲での取組みについて述べていることから，野生生物の生息・生育する環境の一構成要素として考えられ創出された試みについて"ビオトープ"という言葉を限定して用いている。

【せせらぎ】

せせらぎ水路のこと。本書の中では，主に処理水を水源として人工的に整備した水路を指す言葉として用いている。

◆───── 検討会の構成

生態系との共生をはかる下水道のあり方検討会

(順不同・敬称略)
(平成13年3月現在)

委員長	田中　宏明	国土交通省土木研究所下水道部水質研究室　室長	
委　員	高島　英二郎	国土交通省都市・地域整備局下水道部流域管理官付　流域下水道計画調整官	
〃	原田　一郎	国土交通省都市・地域整備局下水道部下水道企画課　課長補佐	
〃	内田　勉	国土交通省都市・地域整備局下水道部流域管理官付　課長補佐	
〃	前田　比呂明	国土交通省都市・地域整備局下水道部流域管理官付　調整係長	
〃	鈴木　穣	国土交通省土木研究所下水道部三次処理研究室　室長	
〃	高橋　明宏	国土交通省土木研究所下水道部水質研究室　研究員	
〃	東谷　忠	〃　重点研究支援協力員	
〃	曽根　啓一	東京都下水道局計画部技術開発課　課長補佐	
〃	稲葉　正和	愛知県建設部下水道課企画調査グループ　主査	
〃	小池　哲夫	大阪府土木部下水道課計画グループ　総括主査	
〃	寺西　章浩	兵庫県県土整備部土木局下水道課計画係　主査	
〃	日名　英雄	岡山県土木部都市局下水道課　課長代理	
〃	飯田　精一	札幌市下水道局施設部水質管理課　検査係長	
〃	渡辺　正彦	仙台市下水道局施設部水質管理センター　所長	
〃	山内　泉	横浜市下水道局管理部水質管理課　水質調査係長	
〃	圓谷　哲男	横須賀市下水道部水質管理課　技幹	
〃	馬場　謙三	北九州市建設局水質管理課　検査係長	
〃	塩路　勝久	日本下水道事業団計画部　計画課長	
事務局	江藤　隆	財団法人下水道新技術推進機構研究第一部　部長	
〃	小野塚　敏彦	〃　主任研究員	
〃	川崎　貴義	〃　研究員	
〃	石渡　英樹	〃　研究員	
(旧委員)	堀江　信之	建設省都市局下水道部流域下水道課　流域下水道計画調整官	
〃	岡本　誠一郎	建設省都市局下水道部公共下水道課　課長補佐	
〃	加藤　裕之	建設省都市局下水道部流域下水道課　課長補佐	
〃	林　雄一郎	建設省都市局下水道部流域下水道課　計画係長	
〃	浅野　守彦	愛知県土木部下水道課建設第一グループ　主査	
〃	赤枝　和寛	岡山県土木部都市局下水道課　課長代理	
〃	一田　謙一	北九州市建設局水質管理課　検査係長	
(旧事務局)	鈴木　文雄	財団法人下水道新技術推進機構　主任研究員	
協力会社	渡辺　誠	株式会社環境調査技術研究所技術本部環境部　次長	
〃	原田　新	〃　プロジェクトマネージャー	

[旧委員，旧事務局の職名は当時のもの]

「生態系にやさしい下水道をめざして」作成ワーキンググループ

(順不同・敬称略)
(平成13年3月現在)

ワーキング委員	高橋　明宏	国土交通省土木研究所下水道部水質研究室	研究員
	東谷　忠	〃	重点研究支援協力員
	畑津　十四日	国土交通省土木研究所下水道部三次処理研究室	研究員
	平出　亮輔	〃	建設技官
	曽根　啓一	東京都下水道局計画部技術開発課	課長補佐
	渡部　健一	〃	水質技術係　主事
	山内　泉	横浜市下水道局管理部水質管理課	水質調査係長
	竹村　伸一	〃	技術吏員
	圓谷　哲男	横須賀市下水道部水質管理課	技幹
	小林　豊	〃	技術吏員
事務局	江藤　隆	財団法人下水道新技術推進機構研究第一部	部長
	小野塚　敏彦	〃	主任研究員
	川崎　貴義	〃	研究員
	石渡　英樹	〃	研究員
(旧ワーキング委員)	林　雄一郎	建設省都市局下水道部流域下水道課	計画係長
(旧事務局)	鈴木　文雄	財団法人下水道新技術推進機構	主任研究員
協力会社	渡辺　誠	株式会社環境調査技術研究所技術本部環境部	次長
	原田　新	〃	プロジェクトマネージャー

［旧ワーキング委員，旧事務局の職名は当時のもの］

目　次

はじめに

1. 本書のあらまし 1
1.1. 目　的 1
1.2. 構　成 1
1.3. 利用にあたって 3

2. 生態系とその現状 5
2.1. 生態系とは 5
2.2. 生態系による恩恵 11
2.3. 生態系の危機と対応 12
2.3.1. 生態系の危機 12
2.3.2. 生態系の危機への対応（地球サミットを契機として） 13
2.3.3. 市民参加の動き 15

3. 水環境の変遷と生態系 ―その中で下水道は― 17
3.1. 人間活動と水環境 17
3.2. 水環境における下水道の役割 17
3.3. 水環境の生態系をとりまく急速な変化と下水道のかかわり 18
3.3.1. 水質に関する変化と下水道の役割 18
3.3.2. 水辺空間および水量の変化と下水道の役割 23

4. 下水道における生態系に対する視点 27
4.1. 下水道の地域生態系とのつながり 28
4.2. 処理水の放流先水域の生態系に対する課題と対応 29
4.3. 生態系に配慮した下水道整備を進めるために 30
4.3.1. 下水道における生態系に対する視点 30
4.3.2. 生態系に配慮した取組みのアイデア 32
4.3.3. 下水道行政における生態系への配慮 34

5. 生態系にやさしい下水道の事例 ... 37

5.1. 枯れ川に水の流れを回復させ，生物の生息・生育場所を取り戻す ... 39
- 5.1.1. より良い環境へ川を再整備し，水の流れを回復させる ... 39
- 5.1.2. 現在の環境をそのままに，水の流れを回復させる ... 45

5.2. 水域の水質汚濁を改善し，生物にとってより良い環境を提供する ... 48
- 5.2.1. 下水道の整備により流入する汚濁を削減し，生息・生育環境を回復させる ... 48
- 5.2.2. 処理水を浄化用水として導水し，水域の汚濁を改善し，生息・生育環境を回復させる ... 54

5.3. 処理水放流の影響を減らし，生息・生育環境を向上させる ... 59
- 5.3.1. 放流水の水質を改善し，生息・生育環境を向上させる ... 59
- 5.3.2. 放流方法を改善し，生息・生育環境を向上させる ... 63

5.4. 生物の生息・生育空間を創り出す ... 66
- 5.4.1. 自然が失われた都市域に新たな生息・生育空間を創り出す ... 66

5.5. シンボルとなる生物の生息・生育環境を守る ... 72
- 5.5.1. 放流水質を改善し，水産資源の生息・生育環境を守る ... 72
- 5.5.2. 放流水質の改善や生息・生育場所の整備により，特徴的な生物の生息・生育環境を守る ... 75

5.6. 環境教育の場を提供する ... 78
- 5.6.1. 処理水を用いて整備した環境で生物とふれあい，環境への意識を啓発する ... 78

6. おわりに ... 81

＜参考資料＞生態系にやさしい下水道の事例リスト ... 83

＜用語説明＞ ... 88

＜参考文献＞ ... 91

＜写真および資料提供一覧＞ ... 92

コラム

- 地域の特徴を示す生態系のとらえ方 ... 16
- 環境ホルモン ... 22
- 下水処理水の割合の多い水域での BOD の特徴 … N−BOD と C−BOD ... 26

本書のあらまし 1

1.1. 目　　的

　下水道において，生態系への配慮を行う際の基本的考え方と代表的な事例を紹介することで，今後，新たに生態系に配慮した下水道施策を行う場合の参考となることを本書の目的としています。

　もともと下水道は，水質保全を主な目的とした事業であることから，下水道の存在そのものが環境へ配慮したシステムといえます。しかし，下水道整備のめざましい進展により，水循環における下水道の重要度が増す中で，水質保全という目的だけでなく，処理水などをより積極的に活用して，良好な水環境の創出や生態系の保全に役立てようという機運が高まっています。このような背景の中，処理水の有効利用によって生物の生息・生育環境を再生するなどさまざまな取組みが行われています。

　本書は，生態系に対する基本的な考え方やこのような代表事例を紹介することで，多くの方々が下水道と生態系を結びつける視点をもち，生態系に配慮した下水道の整備や維持管理を行う手助けや，今後新たに取組みを行う場合の参考となることを目的としています。

1.2. 構　　成

　本書は，「2章：生態系とその現状」，「3章：水環境の変遷と生態系—その中で下水道は—」，「4章：下水道における生態系に対する視点」，「5章：生態系にやさしい下水道の事例」から構成されています。

　本書では，次のような流れで，生態系と下水道に関する考え方をまとめた後，生態系に配慮した下水道の事例を紹介しています。

　2章：生態系の概念を簡単に説明したうえで，生態系による恩恵を整理し，生態系を守ることの意義を理解していただきます。また，現在，生態系に関してどのような動きがあるかについてまとめています。

　3章：生態系のうち水環境における部分について，人間活動とのかかわりについてまとめ，また水環境に対する下水道の役割について整理しています。

　　そのうえで，水環境の変化と人間活動が生態系に及ぼす影響，そこで下水道がどのようにかかわってきたかについてまとめています。

　4章：2，3章を踏まえて，今後の下水道における生態系に対する視点を，役割と課題の面から整理しています。しかし生態系の概念や下水道とのかかわりの範囲，そ

こで下水道が果たすべき役割などについてはさまざまな考え方があり，すべてを網羅することは容易ではありません。したがって，本章は現時点でまとめることのできた範囲のみの考え方を記述しています。

5章：生態系に配慮した下水道の事例を，その対処方針別に整理を行ったうえで，テーマごとに詳細な事例を紹介します。また，後段に類似の事例を数例ずつまとめています。

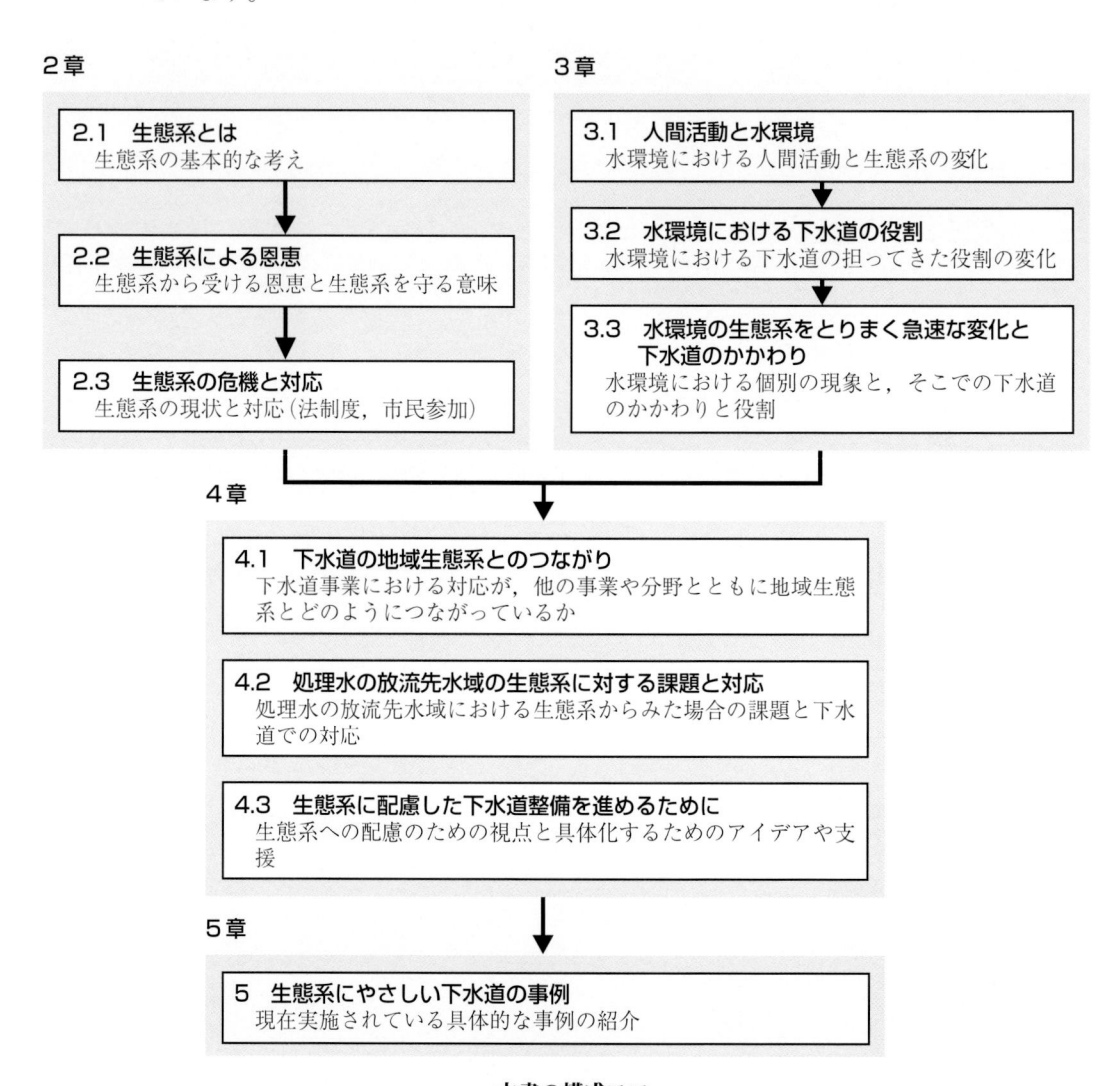

2章

2.1 生態系とは
生態系の基本的な考え

2.2 生態系による恩恵
生態系から受ける恩恵と生態系を守る意味

2.3 生態系の危機と対応
生態系の現状と対応（法制度，市民参加）

3章

3.1 人間活動と水環境
水環境における人間活動と生態系の変化

3.2 水環境における下水道の役割
水環境における下水道の担ってきた役割の変化

3.3 水環境の生態系をとりまく急速な変化と下水道のかかわり
水環境における個別の現象と，そこでの下水道のかかわりと役割

4章

4.1 下水道の地域生態系とのつながり
下水道事業における対応が，他の事業や分野とともに地域生態系とどのようにつながっているか

4.2 処理水の放流先水域の生態系に対する課題と対応
処理水の放流先水域における生態系からみた場合の課題と下水道での対応

4.3 生態系に配慮した下水道整備を進めるために
生態系への配慮のための視点と具体化するためのアイデアや支援

5章

5 生態系にやさしい下水道の事例
現在実施されている具体的な事例の紹介

本書の構成フロー

1.3. 利用にあたって

本書の利用にあたっては，地域特性などを考慮して，より多彩な視点からのアイデアを盛り込んでいくことが望まれます。

　本書は，前述したように，今後生態系に配慮した整備を行う際に参考として利用できます。その場合，計画された施策に対応した同種の施策の事例を参照し，その中で適用できると考えられる部分を参考としてください。

　ただし，本書において扱っている事例の情報は，それぞれの整備内容の概要を示したものですので，より詳細な図面などの情報が必要な場合は，それぞれの事業主体に確認して情報を得ていただきたいと思います。

　なお，ここで紹介する事例はあくまでも一つの考え方を示すものであり，必ずしもすべてのケースにあてはまるものではありません。また，多くの事例が生物への配慮の視点をもちはじめた段階で実施したものであり，本来の"生態系"という概念を完全に取り込めたものばかりではありません。そのため，本書に掲載された事例をヒントに，地域特性などを考慮して，より多彩な視点から，アイデアをそれぞれの計画段階で施策に盛り込んでいくことが望まれます。

生態系とその現状 2

　本章では，下水道から離れて生態系全体をとらえてみます。そのために，導入として生態系の概要を説明したうえで，生態系による恩恵と現状での問題，また生態系における問題に対する対応状況などについてみていくことにします。
　このことから，生態系や生物についての複雑さや重要性，さらには生態系について考えることの面白さを感じていただきたいと思います。

2.1. 生態系とは

　生物は，生きるために食べ物（栄養源）が必要です。その食べ物には，ほかの生物やデトリタス（生物の排泄物や死骸）などの有機物のほか，リンや窒素などの無機物も含まれます。

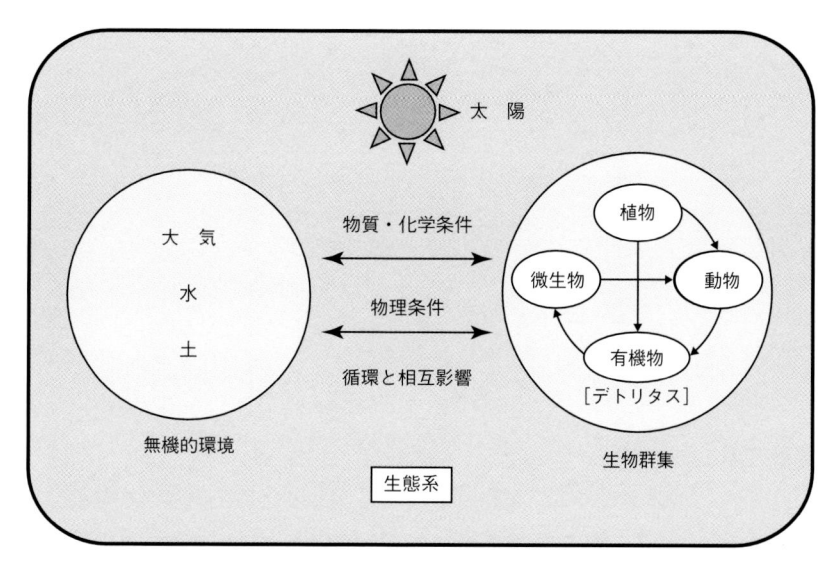

生態系の基本構成要素

桜井善雄(2000)講演資料（一部改変）

　また，生物には生きるための場所も必要です。魚を例にとると，水のほかに，産卵するために必要な小石や，隠れる場所が必要にもなります。また，温度や流れなど，その生物にあった環境も必要になります。
　そのうえ，周りにいる自分とは違う生物とは，食べ物にする場合，逆に食べ物にされる場合，さらには助けあっている場合などさまざまに関係しあっています。

このように，一つの生物だけではなく，周りの多くの生物や環境も含めて互いに関係しあっている状態を全体で「生態系」と呼んでいます。

しかし，「生態系」を厳密にみていくとさまざまな見方があります。そこで，まず「岩波生物学辞典」(第4版)に記載されている内容を以下にあげたうえで，若干説明を行っていくことにします。

> **生態系の定義**
>
> ある地域にすむすべての生物とその地域内の非生物的環境をひとまとめにし，主として物質循環やエネルギー流に注目して，機能系としてとらえた系。生産者・消費者・分解者・非生物的環境が，これを構成する4つの部分である。物質・エネルギーのほかに，第三の流れとして情報量の伝達および維持機能に重点をおいた考え方もある。生態系という用語は，A. G. タンズリー(1935)の造語で，植物と動物が共同体的な関係をもっているとするF. E. クレメンツらの生物群集の概念を否定し，それよりはバイオームに環境を加えた力学系を考えるべきだとして提唱したものである。しかし，その後の使用法はさまざまで，上記の用法のほかに，生物は環境無しには生存できないことを強調する意味で使用する場合や，個体群とその主体的環境を合せた系(生活系, life system もこれに近い)とする場合などもある。海洋生態系・湖沼生態系・砂漠生態系・草原生態系・森林生態系・都市生態系などの区分もあり，その広さも数滴の水から宇宙生態系までいろいろである。
>
> (「岩波生物学辞典」第4版)

このように，本来生態系とは，生物とその周りの非生物的環境をひとまとめにした一つの系であり，その時に存在する量だけでなく食物連鎖などによる物質の動きやエネルギーの流れを加味したダイナミックなものです。生態系の構成要素は，次のような点に注目してみるととらえやすくなります。このうち，水の存在は重要な位置を占めます。

① エネルギー(太陽)
② 生体構成元素：有機物質・栄養塩など
③ 生物(生産者・消費者・分解者)
④ 環境(大気・水・土)の諸条件：非生物的環境

この生態系は，時間的にも空間的にも変動し続けているため，現在の人間の能力では完全に制御することは不可能と考えられています。

また，その生態系を構成する大きさはさまざまで，微小なものから地球・宇宙を対象としたものまで含みます。区分の仕方も，水域(陸水域，海域)，陸域などのほか，機能に基づく区分(都市生態系や農業生態系など)まで多様です。

このように，生態系はさまざまな生物とその周辺環境とが互いに関連して成り立っています。その関連は，物質およびエネルギーによるものですが，非常に複雑で全体を理解することはとても困難です。そこで，生態系の仕組みが大まかに把握できるように，これらの関連について主なものの概略を以下に説明します。

(1) 物質循環

　生態系の中では，炭素や窒素，リンなどの多くの有機物や栄養塩がさまざまな経路を通じて移動し続けています。移動の経路は，水の流れのような非生物的な動きのほか，生物によって摂取・蓄積され，その生物をほかの生物が摂取する生物的な動きなどがあります。

　たとえば水中では，栄養塩は藻類などによって利用蓄積されます。それが水生昆虫や魚によって食べられ，さらに別の生物によって食べられることで，次々に移動していきます。また，外部からの物質の供給(落ち葉や流下してくる有機物など)も加わることで，その経路は下図に示すように複雑なものになります。

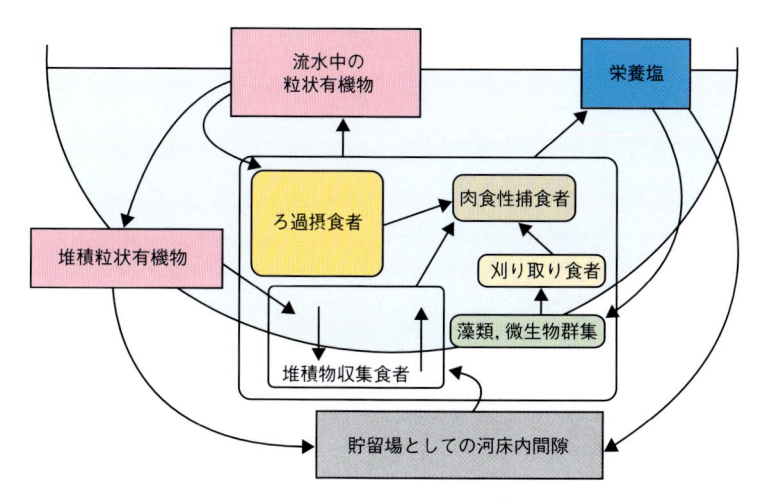

生物群集と周辺環境の栄養塩・物質の循環経路(河川での例)

谷田一三(2000)講演資料(一部改変)

　とくに河川においては，そのままでは一気に流失してしまう有機物や栄養塩は，河川にいる生物に利用されることで滞留しながら徐々に上流から下流へ運ばれ，それらを河川のさまざまな生物が繰り返し利用し，豊かな生態系が形成されていると考えられています。

　さらに，水域の生態系の場合，陸域との間の物質の移動(陸上に生息する動物が水辺へ産卵することによる水域への移入や水生昆虫が羽化することによる陸域への回帰など)が加わることになります。

(2) エネルギー流

　エネルギー流の例は次ページの上図に示すとおりで，太陽からのエネルギーが最初に存在します。そのエネルギーは，藻類や草木など植物の光合成によって生物体に取り込まれます(一次総生産)。ここから植物自身の呼吸に利用された分を差し引いたエネルギー(一次純生産)が，植物を食べる植食者が利用できる部分です。そして，この

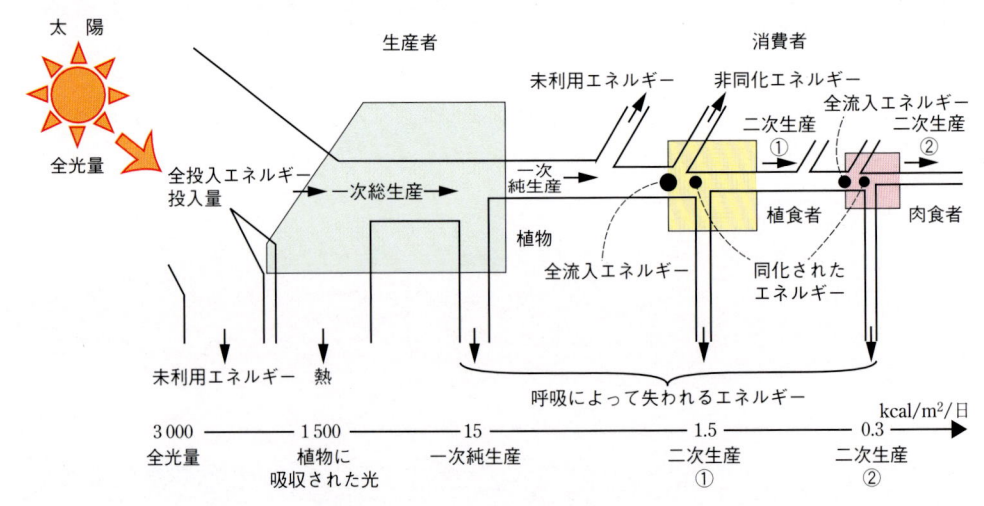

単純化したエネルギー流のイメージ図

E. P. Odum (1974)：「生態学の基礎」, 培風館 (一部改変)

　植食者に取り込まれ，同化されたエネルギーのうち呼吸に利用された分を差し引いたエネルギーが，二次生産となります。

　このような流れの中で，栄養段階のあるレベルから次のレベルに転移するたびに，呼吸などの作用のため生物に残るエネルギーは大幅に減少していきます。その減少していく割合は，最初の第一次の段階ではおよそ2桁(100分の1)程度であり，その後は1桁(10分の1)程度になると考えられています。このようなエネルギーの減少があるため，次に示す食物連鎖の段階数も限られてしまいます。

(3) 食物連鎖

　食物連鎖は，いわゆる「食う食われる」という関係に代表されるものです。河川における食物連鎖の例を下図に示します。

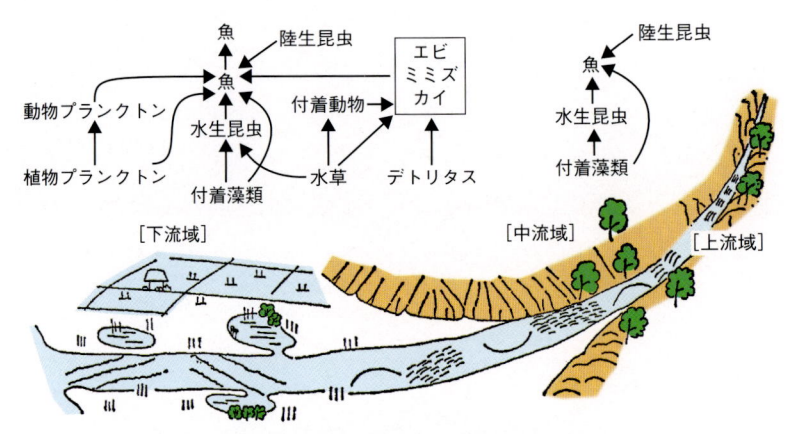

上流から下流への食物連鎖の変化：食物連鎖は魚中心に示されている

食物連鎖模式図（河川生態系）

沼田 真 監修(1993)：「河川の生態学」, 築地書館 (一部改変)

川の中では，生産者である付着藻類が石の上などに生育し，その付着藻類を水生昆虫や魚が食べ，水生昆虫を食べる魚も生息します。このような関係が，河川では上流から下流にかけて連続的に成り立っており，下流は上流からの物質供給を受けています。この関係が，どこかで途切れた場合，その先の関係にいろいろな影響が生じることになります。

（4）生態系における多様性

　次に，生態系が多様なつながりによって成り立っていることをタナゴの一種であるイタセンパラの例からみることにします。

　ワンド（河道内の池状の水域）や水路にすむ絶滅危惧種に指定されているイタセンパラは，二枚貝の中に卵を産みつけます。一方，二枚貝は，洪水が起きた時にワンドに逃げ込んでくるヨシノボリのような底生魚に幼生を産みつける必要があります［森下郁子(1999)：「川の話をしながら」創樹社］。そのためイタセンパラの保護を考える際には，下図に示すように，その生物だけでなく，産卵するための二枚貝，その二枚貝が

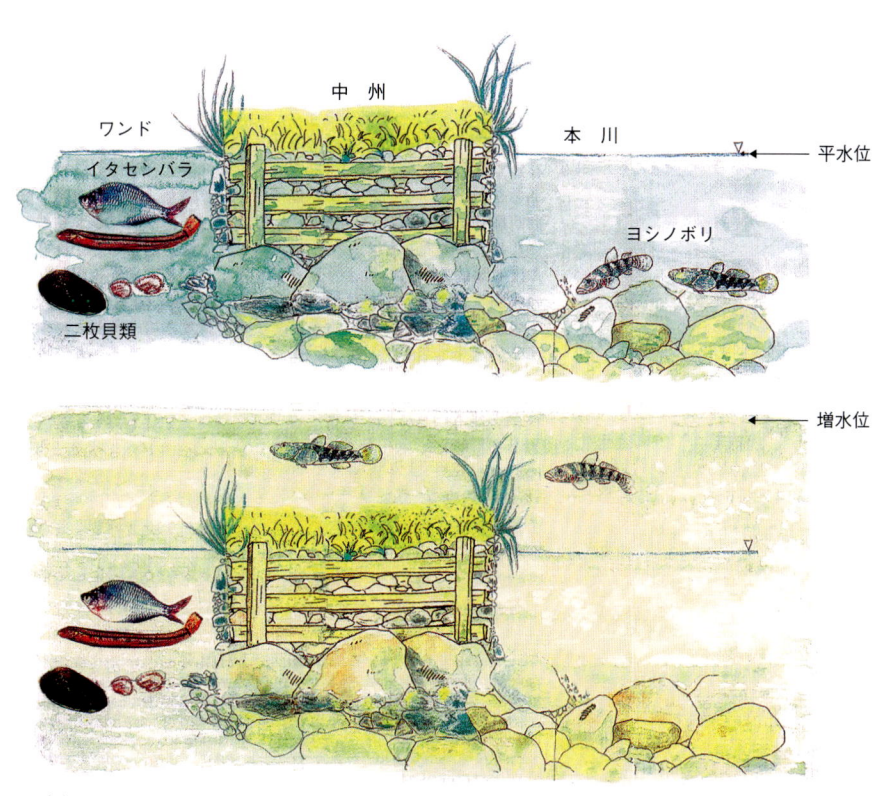

中州で隔てられている本川に住むヨシノボリは，増水で河川の水位が上がる時にワンドへ移動する。この時，イタセンパラなどのタナゴ類の産卵を媒介する二枚貝と接触し，貝の幼生を分散させる「運び屋」になる

イタセンパラ・二枚貝・ヨシノボリと出水の関係（生物と自然環境の多様性）

森下郁子，森下依理子(1997)：「共生の自然学」，川と湖の博物館8，山海堂（一部改変）

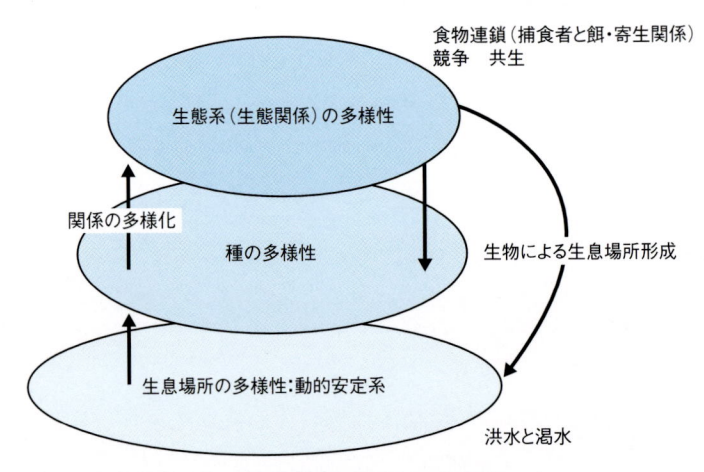

```
                食物連鎖(捕食者と餌・寄生関係)
                競争　共生
      ┌─────────────────┐
     (  生態系(生態関係)の多様性  )
      └─────────────────┘
         ↑           ↓
      関係の多様化        生物による生息場所形成
         ┌───────────┐
        (   種の多様性   )
         └───────────┘
         ↑
      ┌─────────────────┐
     ( 生息場所の多様性：動的安定系 )
      └─────────────────┘
                        洪水と渇水
```

河川生態系における多様性

谷田一三(2000)講演資料(一部改変)

成長するための底生魚，さらには住みかとなるワンドや，魚の移動のきっかけとなる洪水など，さまざまな要因のかかわりを考えなくてはなりません。

　したがって，周囲をとりまく多くの生物と，それらの生物が生息・生育していくことのできる環境を全体として守っていくことが必要となるのです。

　そのため，生態系に配慮した施策を実施していく際，ある特定の生物だけが生息・生育できればよいと考えるのではなく，さまざまな生物がかかわりあって共に生息・生育できるような地域全体の自然環境を大切にすることが重要です。このためには，生態系(生物を含めた環境全体)の多様性を常に視点におくことを忘れないようにすることが必要となります。

　生態系の多様性を維持するためには，上図に示すように，その基盤となる**生物の種とその関係，そして各生物の生息・生育場所の多様性を維持する**ことが重要となります。

　また，生息・生育場所については，物理的な構造だけでなく，生物の繁殖や成長などに深くかかわる気象の変化や洪水などが発生する時間的な構成も重要です。

　さらに，多様性を考えるうえで，たとえばメダカならメダカという同じ生物種同士でも遺伝子レベルでみた場合，地域に固有の(遺伝子)集団があることも知っておく必要があります。**遺伝子レベルでの多様性**も，環境の変化や病気などから種を守るために大切なことである場合が多くあります。このため，同じ種であっても，ほかの地域から移入することには注意を払う必要があります。

2.2. 生態系による恩恵

これまでに述べてきた生態系の複雑さや多様性は，なぜ守る必要があるのでしょうか。そこで，人間が生態系からどのような恩恵を受けているのかについて整理することで，生態系を守る意味を考えてみます。生態系を守る意味とは何かについてはいろいろな考え方がありますが，ここでは次のようにまとめてみました。

(1) 文化・文明の源

古来より文化・文明は，森や川を背景とした豊かな生態系のもとで育まれてきました。文明の崩壊は，森林伐採や過放牧といった自然破壊によりその基盤を失ったことが，原因の一つであると考えられています。

(2) 物質的な恩恵

人間は，生態系から空気，水，木材，食料などの形で資源として物質の供給を受けています。そのほかにも，生物資源は，薬品製造にも古くから活用されてきましたが，近年では遺伝子資源として抗ガン剤などの開発につながることが期待されています。

このような生物資源は，限りのある地下資源などとは異なり，再生可能な資源です。したがって，将来にわたって人間の生活を持続するためには，この再生可能な生物資源のもととなる生態系が良好な状態が維持される必要があります。

(3) 生活環境的な恩恵

生態系は，植生やそのほかの生物群集によって右の環境保全機能をもち，環境の調節維持にかかわっています。このような機能によって，人間の生活環境は適切な状態に維持されているのです。

生態系のもつ環境保全機能の例
・大気浄化 ・水資源涵養 ・水質浄化 ・騒音防止 ・ヒートアイランドの防止　など

一方，人間は，生物とふれあうことで，個々の生物のつながりについての不思議さや大切さ，さらには命の尊さを学ぶことができます。このような体験は，人間社会における対人関係の形成にも重要と考えられています。

また，豊かな自然生態系によって構成される景色を眺めたり，森の中を散策したりすると，人間は安らぎや感動を覚えます。このような感覚が絵画や音楽などの優れた芸術を生みだしたり，情操教育につながるとも考えられます。

このほかにも，生態系を守る意味については，生態系や生物の多様性は，それ自体に存在意義があるとする考えや，人間にとって明確な利用価値が不明な生物でも倫理的な面から守られるべきであるという考えも提起されています。

2.3. 生態系の危機と対応

2.3.1. 生態系の危機

2.2でみたように，人間は，生態系からさまざまな恩恵を受けています。この恩恵を持続的に享受するためには，その生態系を良好な状態に保つことが大切です。そのためには，生態系を構成する生物の多様性や生息・生育地を適切に維持することが必要です。しかし，人間活動は，環境に対してこれまでにない変化を与えたため生態系に深刻な影響が生じており，現在でもその影響による危機は進行しています。

そして，生態系への影響は，人間活動の集中する地域に限らず，今や全地球的なものとなっています。

(1) 水や大気の汚染による生息・生育地の変化

産業構造やライフスタイルの変化によって水や大気が汚染された結果，下に示すような環境の悪化が生じてきました。

このような現象は，生物群集を構成している生物種の生存にも影響を及ぼす場合があります。たとえば，気温の変化が急激に進行すると，多くの生物種が変化に適応できず，また適切な地域への移動もできずに生存できなくなる可能性があります。

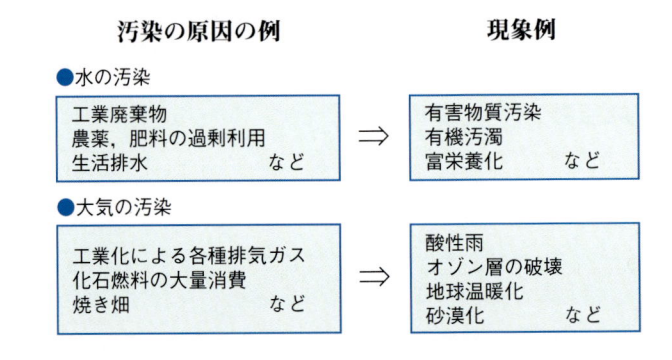

汚染の原因の例	現象例
●水の汚染 工業廃棄物 農薬，肥料の過剰利用 生活排水　　　など	⇒ 有害物質汚染 有機汚濁 富栄養化　　など
●大気の汚染 工業化による各種排気ガス 化石燃料の大量消費 焼き畑　　　　　など	⇒ 酸性雨 オゾン層の破壊 地球温暖化 砂漠化　　　など

生態系が相互の結びつきから成り立つことから，特定の種への影響は，多くの生物種に対する影響となり，結果として生態系のもつ多様性の低下にもつながります。

(2) 空間の改変による生息・生育地の変化

人間の活動範囲を広げるための土地開発などの空間の改変は，下図に示すような地域における生物の生息・生育地を消失させるため，生態系に対して大きな影響を与え

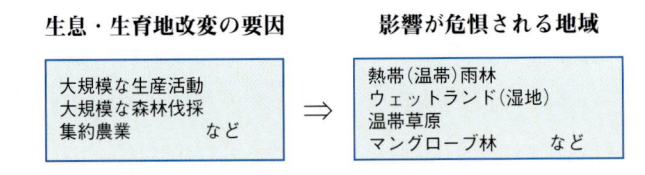

生息・生育地改変の要因	影響が危惧される地域
大規模な生産活動 大規模な森林伐採 集約農業　　　など	⇒ 熱帯(温帯)雨林 ウェットランド(湿地) 温帯草原 マングローブ林　　など

る場合があります。

　さらに，多くの生物が生息・生育するためには多様な環境が必要であり，それらの生息・生育地が互いにつながっていなくてはなりません。生息・生育地の消失・分断は，今まで生態系のネットワークを壊してしまいます。

　これらの変化は，生息・生育環境の消失をまぬがれた場所においても，繁殖の相手を見つけにくくなったり，餌を探したり採ったりするための行動が阻害されてしまうなど，さまざまな影響を生じさせます。その結果，現在生存している種を減少させ，生態系のもつ多様性を低下させています。したがって，空間の改変から生息・生育地を守ることは生態系の維持にとってとくに重要なことなのです。

2.3.2. 生態系の危機への対応（地球サミットを契機として）

　これまでにみてきたような現状に対する危機感の高まりから，国際的に生物の多様性と多様な生物による生態系の保全についての検討が進められてきました。このような経緯から，平成4年6月リオデジャネイロで開催された「国連環境開発会議」（地球サミット）の場で157ヵ国が署名した「生物の多様性に関する条約」は，平成5年12月発効されました。この条約の内容は，多様な生物からなる生態系が有する多くの資源《財》と多様な環境保全機能《サービス》は，人間の発展と健全な生活に不可欠であり，我々と自然との好ましい関係とはどのようなものか，また生態系のもつ豊かな《財》と《サービス》の機能を高めつつ持続ある利用をしていくためにはどのような自然を保全していくか，という重要な課題を提起するというものです。すなわち，特定の生物の保護という観点をさらに進めて，"普通に生息・生育するさまざまな生物を全体として保全していく必要性"に目を向けたものです。

（1）『環境基本法』における考え方

　我が国においても，平成5年11月，『公害対策基本法』に代わり『環境基本法』を制定するとともに，平成6年「環境基本計画」を策定し，基本的な考え方において「環境は，生態系が微妙な均衡を保つことにより成り立っており，**人類の存続の基盤である**」として，生態系の重要性を明確にしています。さらに，「環境の構成要素（大気，水，土壌および生物など）が良好な状態に保持され，その全体が自然の系として**健全に維持される**ことが必要である」として，人と環境の望ましい関係の確保を掲げています。また，環境政策の長期目標を定め，「共生」という目標において「健全な生態系を維持・回復し，自然と人間との共生を確保する」としています。

　環境基本計画で示された水環境の保全に関して，「環境保全上健全な水循環の確保」，「水利用の各段階における負荷の低減」，「閉鎖性水域等における水環境の保全」の各項目において，下水道の整備は重要な位置づけとされています。

『環境基本計画』に示された我が国の環境政策の長期目標

目　標	内　容
循　環	大気環境，水環境，土壌環境などへの負荷が自然の物質循環を損なうことによる環境の悪化を防止するため，生産，流通，消費，廃棄などの社会経済活動の全段階を通じて，環境への負荷をできる限り少なくし，循環を基調とする経済社会システムを実現する
共　生	かけがえのない貴重な自然の保全，二次的自然の維持管理，自然的環境の回復および野生生物の保護管理など，保護あるいは整備などの形で環境に適切に働きかけ，その賢明な利用を図るとともに，さまざまな自然とのふれあいの場や機会の確保を図るなど自然と人との間に豊かな交流を保つことによって，健全な生態系を維持・回復し，自然と人間との共生を確保する
参　加	「循環」，「共生」の実現のためには，浪費的な使い捨ての生活様式を見直すなど日常生活や事業活動における価値観と行動様式を変革し，あらゆる社会経済活動に環境への配慮を組み込んでいくことが必要である。このため，あらゆる主体が環境保全に関する行動に参加する社会を実現する
国際的取組み	今日の地球環境問題は，個人や我が国のみでは解決できない人類共通の課題であり，各国が協力して取り組むべき問題である。我が国の国際社会に占める地位に応じて，地球環境を共有する各国との国際協調の下に，地球環境を良好な状態に保持するため，国のみならず，あらゆる主体が積極的に行動し，国際的取組みを推進する

(2) 生物多様性国家戦略における観点

前述の国際条約の基本方針に基づく生物多様性の保全と，その持続可能な利用の実施促進を図るため，平成7年10月「地球環境保全に関する関係閣僚会議」で「生物多様性国家戦略」が決定されました。生物多様性は，人類の生存基盤である**自然生態系を健全に保持**し，生物資源の持続可能な利用を図っていくための基本的な要素であり，遺伝，科学，社会，経済，教育，文化，芸術，レクリエーションなど，あらゆる観点から人間に対する恩恵が認識されています。

(3) 建設行政における対応

建設省(当時)では，平成6年に「環境政策大綱」を策定し，「保全と創造の融和」をテーマとして豊かで質の高い社会資本の整備を推進しています。この流れの中で平成9年に『河川法』[昭和39年制定]が改正され，河川のもつ多様な自然環境や水辺空間に対する国民の要請の高まりに応えるため，河川管理の目的として「治水」，「利水」に加え，「河川環境（水質・景観・生態系など）」の整備と保全が位置づけられました。

このことは，河川において治水や利水と同様に**環境を事業化**することを意味しており，事業に際して環境に"配慮"するというこれまでの考え方から一歩進んで，より積極的に環境へ取り組むことが求められるようになりました。

さらに，河川整備計画にあたっては地域住民の意向を反映することが明記されており，地域ごとに適切な施策を選定，計画していくことが求められています。

(4) 環境影響評価法におけるとらえ方

環境影響評価においても，生態系が評価項目として加えられました。環境影響評価において対象とする生態系の状況は，「主な動物，植物の生息または生育の状況および植生の状況からみた地域を特徴づける生態系の状況」であり，生態系は，「生物の多様性の確保および自然環境の体系的保全」を旨として行うべき環境要素とされていま

す。さらに，生態系の把握にあたって，すべての生物を対象とすることは難しいことから，生態系の特性に応じて「上位性（食物連鎖の上位に位置する種）・典型性（地域に代表的な生物群集）・特殊性（特殊な生物群集）」という視点から注目される動植物の種または生物群集を抽出し，これらの生態，周辺の動植物との相互関係または生息・生育環境を調査し，**地域を特徴づける生態系**への環境影響について，予測および評価を行うとされています。

　また，生態系をとらえるにあたっては，「それぞれの地域の特徴をとらえながら行うこと」が重要であり，ほかの地域で実施された事例をそのまま適用し，どこでも同じものになってしまうというようなことのないように，注意を促しています。

2.3.3. 市民参加の動き

　このように，生態系は，我が国においても評価すべき重要な事項として認識され，多くの法的根拠も整備されてきましたが，一方では，環境基本計画でもうたわれているように「参加」の精神から市民参加の活動も多く行われています。その活動は，平成10年に成立した『特定非営利活動促進法（NPO法）』として支援されています。

　このような流れの中で，河川環境にかかわる市民団体の数も増え，たとえば，山梨県の山中湖から神奈川県を流れる相模川流域だけで，さまざまな立場から30近い市民団体が活動し，「市民ネットワーキング相模川」を形成するなど，全国各地で精力的な活動がなされるようになってきています。このことを示すものとして，社団法人日本河川協会のインターネットホームページ上＜ http://www.japanriver.or.jp/link_link/ngo.html ＞にリンクされている団体の数だけでも80以上もあり，実際にはもっと数多くの団体が活動していると考えられます。

　これらのホームページからはさらに多くの市民団体や個人のページにリンクされているので，いろいろな団体のサイトをみて回ることで，川に関する市民の関心の高さがとても大きなものであることがわかります。

　このように，"自然とのふれあい"や"心の安らぎの場"としての水辺を求める声は大きく，社会的要請ともなっています。また，このような水辺は，環境教育の場として健全な人間性を高める場としても注目されるようになっており，すでに河川においては，"水辺の楽校"などの施策に反映されてきています。

コラム

地域の特徴を示す生態系のとらえ方

環境影響評価においては，生態系の要素として，図のような特性に着目して調査し，予測および評価を行うこととなっている。

「動物」，「植物」については，生息・生育個体数などが少ないため消滅しやすく，結果として生物の多様性の低下につながる可能性の高いものに着目し，学術上または希少性の観点などから「重要な種」，「重要な群落」，「注目すべき生息・生育地」といった要素である。

また，「生態系」については，「地域を特徴づける生態系」に関し，生態系の特性に応じて，本文に示されているような上位性，典型性，特殊性という要素に分けられている。

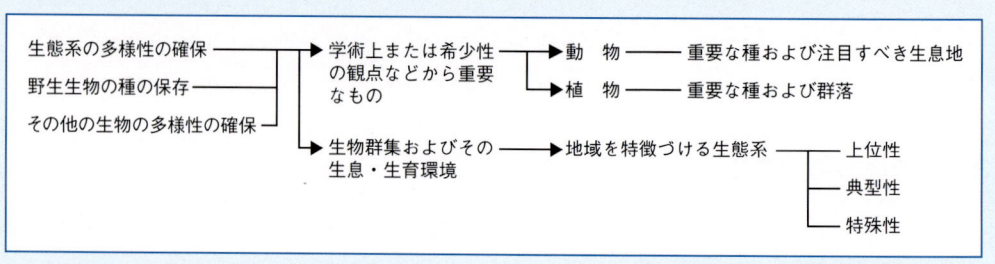

```
生態系の多様性の確保 ─┐
野生生物の種の保存 ──┼→ 学術上または希少性 ─┬→ 動 物 ── 重要な種および注目すべき生息地
その他の生物の多様性の確保 ┘   の観点などから重要 └→ 植 物 ── 重要な種および群落
                        なもの
                    └→ 生物群集およびその ──→ 地域を特徴づける生態系 ─┬ 上位性
                       生息・生育環境                            ├ 典型性
                                                              └ 特殊性
```

上記のような視点から注目される動植物の種または生物群集を複数抽出し，これらの生態，周辺の動植物との相互関係または生息・生育環境の調査を行って，地域を特徴づける生態系への影響について予測および評価が実施されることとなる。

このように，それぞれの地域を特徴づける生態系は，それぞれの地域で把握する必要がある。生態系に配慮した取組みを検討する際にも，各地域ごとで異なる生態系に対しては，当然配慮の内容や施策も異なってくるものと考えられる。

また，生物種の視点とあわせて重要なものとして，"場"の視点があげられる。場に求められる要素は，主に位置，構造，規模としてとらえることができる。位置は，季節変化といった地域的な変化から水位変動といった局所的な変化までさまざまな条件を内包した観点である。また，構造は，森林，崖，湿地といった物理的な構図についての観点であり，規模は，生物が個体群を維持していくのに必要な生息・生育面積の観点である。面積によって生息・生育できる種数にも差が生じることが知られていて，面積が広いほど生息・生育する生物の種数が増加するという研究結果がある。

さらに，これらの"場"は，個別に独立したものとして考えるのではなく，さまざまな空間が階層的に存在していることの重要性についても忘れてはならない。これらは主に[微生息場所(マイクロハビタット)，小生息場所(ハビタット)，生息場所(ビオトープ)，大生息場所(ビオトープシステム)，ビオトープネットワーク]といった分類がなされ，局所的なものから地球的なものまでつながって考えられている。

したがって，本書において紹介された事例は，あくまでその地域の実状を考慮しながら実施されたものであり，全く同じ施策をどの地域でも画一的に実施すればよいというものではない。上記のような観点を考慮して，それぞれの地域の生態系に配慮し，それぞれの地域における施策を，進めていくことが大切である。

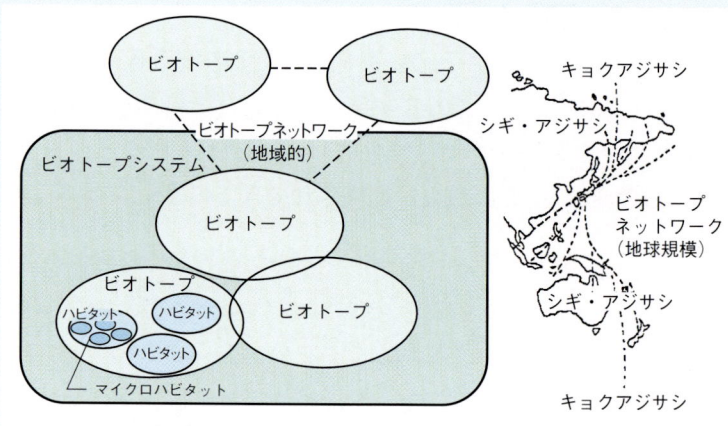

場の階層構造とネットワーク

桜井善雄(2000)講演資料

水環境の変遷と生態系 ―その中で下水道は― 3

　本章では，下水道の主要な対象である水環境がどのように変化し，その中で生態系がどのような影響を受けてきたかについてみていくとともに，下水道が水環境の変化にどのようにかかわってきたのかについてまとめてみます。

3.1. 人間活動と水環境

　人間は，その発展の過程において自然環境に対して積極的に働きかけることで，より人間にとって生活しやすい環境をつくり出してきました。

　とくに人為的な変革が大きく現れた地域は"都市"であり，そこでは人間生活の安全性や快適性の整備が急務であり，最優先されてきました。そして，この中で，通常の自然状態とは異なる"都市生態系"という新たな生態系が生み出され，都市という独特な環境に適応した生物によって新たに構成されてきました。

　水環境についてみれば，洪水によって人命や財産が傷つかないための治水事業や，渇水によって産業や日常生活が損害を受けないための利水事業，さらには社会生活をより安全快適に送るための上水道や下水道を整備するなどさまざまな工夫を加えてきました。また，産業の発達やライフスタイルの変化によって，人間生活の中に大量に水を取り込み，利用し，排出するという，これまでにない水循環のシステムをつくり出してきました。しかし人為的変革による急速な変化は，都市に適応した都市生態系においてさえも，特定の生物の大発生などの形でゆがみを生じさせてきています。

　一方で，社会生活にゆとりが生まれるにつれ，自然を排除することで成立した都市域に再び自然や生物を取り戻し，心の潤いを求める声が高まっています。

　上記のような「都市における水環境のゆがみの修正や自然を求める要請に対して下水道がどのような役割を担えるのか」といった観点から，現在までに下水道の果たしてきた役割を踏まえながら都市水環境における個別の問題点をみていくことにします。

3.2. 水環境における下水道の役割

　下水道は歴史的にその役割を変化させ，その時代に要求される役割を担ってきました。その流れを次に示します。

　日本における近代下水道は，停滞した汚水による伝染病の発生を防ぐために，また，雨水による浸水問題の解決のために明治初期にスタートしたもので，明治33年には「土地の清潔を保持する」ことを目的とした『下水道法』が制定されました。

そして，昭和33年には新『下水道法』が制定され，「都市環境の改善を図り，もって都市の健全な発達と公衆衛生の向上に寄与する」ことを目的として，合流式下水道を中心とした都市内の浸水防除，都市における汚水の排除による生活環境の改善を柱とした下水道の整備が本格化することになりました。

さらに，高度成長期における水質汚濁という背景の中で，昭和45年の『下水道法』では「公共用水域の水質の保全に資する」ことがうたわれ，また同じ年にできた『水質汚濁防止法』によっても水質の保全における下水道の役割と責任が増大しました。このような流れから，下水道の整備が急務となり，用地の確保や立地の困難さを乗り越えつつ，かつてない速さで整備が進められ，水環境の改善に寄与してきました。

3.3. 水環境の生態系をとりまく急速な変化と下水道のかかわり

ここでは，高度成長期を通して生じてきた水環境に対する影響の代表的な部分を，生態系という観点を含めて個別に記したうえで，水循環にかかわる下水道というシステムがこれまでどのように生態系にかかわり，今後において新たに貢献できる可能性が考えられるかについてみていきます。

3.3.1. 水質に関する変化と下水道の役割

（1）水質の変化と生態系への影響

① 有害物質による汚染の進行

明治から昭和の初頭にかけての鉱工業排水に含まれる重金属による水域の汚染や，戦後に農地で多用されるようになった農薬などは，河川などのさまざまな水域に生息・生育していた生物の数を減少させたほか，病気を多発させたり，奇形などを生み出し，生物の生き残る力や繁殖能力を低下させました。

② 有機汚濁の進行

昭和30年代の高度成長期に入ると，工場排水や生活排水が流入する都市域の河川においては，急速に水質が悪化していきました。工場や事業場

手賀沼における植物群の絶滅
高度成長期における流域開発の結果，手賀沼では生活排水の流入などにより水質汚濁が進行し，手賀沼の貴重な水生植物は急激に影響を受け，絶滅してしまったものがある。とくに，沈水植物はすべての種類が昭和48年には生育できなくなった

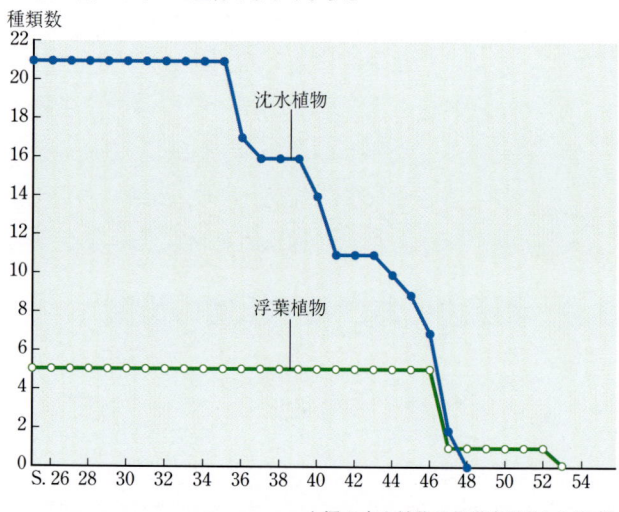

上沼の水生植物の推移（浅間より作成）

千葉県水質保全研究所（1981）：「手賀沼の汚濁と生態系」，資料第29号

および家庭からの排水により，生物化学的酸素要求量（biochemical oxygen demand：BOD）や化学的酸素要求量（chemi-cal oxygen demand：COD）で代表される有機汚濁が進行し，悪臭や外観の悪化，底泥のヘドロ化などが起こるとともに，魚類をはじめ，その餌となる底生動物や付着藻類，水生植物の生息・生育が阻害されました。

③ 富栄養化の進行

工場や事業所および家庭からの排水により高濃度の栄養塩（窒素・リン）が湖沼・内湾や河川に流入し，その栄養塩を使って増えることのできる特定の植物プランクトンや付着藻類が増殖します。昭和40年代後半から，霞ヶ浦や諏訪湖などの湖沼では水の華（アオコ）が，また瀬戸内海や東京湾などの内湾では赤潮が発生し，魚類の斃死や外観の悪化，悪臭が発生するとともに，カビ臭も発生して問題となりました。

また，河川においても，大量に繁茂した糸状藻類や珪藻類が剥離して流下し，水制などによる水の滞留部に沈降し，堆積し，腐敗するといった事例もみられます。

このような現象は，生態系のバランスに影響を与え，魚類をはじめとするさまざまな生物の構成を変化させる場合もあり，漁獲高の減少などを招くことがあります。

湖沼や池における水の華の発生

湖沼や都市域の池においては，流域開発などにより流入する栄養塩が増加した。その結果，富栄養化が進行して藻類が異常発生し，毎年水の華（アオコ）がみられ，溜まりなどに集積し，外観上の悪化を起こすとともに，腐敗による悪臭が発生していた。近年，下水道の普及など多くの施策により水の華の発生が少なくなってきている。

都市公園内の池に発生したアオコ

河川における富栄養化

千曲川では，上田市で発生した糸状藻類が30km下流の長野市で2m近くも堆積する場所（水制間のワンド）がある。ここで腐泥となり，時折かたまりとなって浮上することがあった。

浮きあがった藻類のかたまり（上）とその内部（右下）

写真提供：桜井善雄（信州大学名誉教授）

④ 微量化学物質の増加と拡散

現代社会においては，非常に多くの種類の化学物質が製造され使用されています。近年，社会問題となっている環境ホルモンなどの微量化学物質は，有機水銀などのこれまでの有害物質と異なり，対象物質の種類がきわめて多いこと，特定の工場や事業所などだけでなく，一般家庭からも排出されている場合もあること，極低濃度での影

響が考えられること，物質によっては非意図的に生成され環境中に排出される場合もあること，などの特徴があります。

これらの物質による生態系への影響は，現状では明らかでない部分も多く，現在各研究機関や省庁をはじめ世界的な調査・研究の取組みがなされています。

(2) 水質保全対策と下水道の役割

(1)であげた"有害物質による汚染"や"有機汚濁"については，『水質汚濁防止法』による工場排水の規制や下水道の整備などが実施され，現在かなり改善されてきています。とくに有害物質については，現在では全国的に環境基準をほぼ満足する状況となってきています。

また，生物の面からみても，一度は都市化や工業化によって悪化した生息・生育環境が下水道整備などの努力により改善してきたことが，下図の津田や森下らによって調べられた生物学的水質判定法による調査結果によっても示されています。

生物学的水質判定法による汚濁の変化
淀川に生息・生育する底生動物や藻類を指標とした汚濁状況の変化。
凡例の下にいくほど汚れが強いことを示す。昭和30年から昭和40年にかけて汚濁が進み，その後に改善されてきたことは，川の中に生きる生物からみても知ることができる

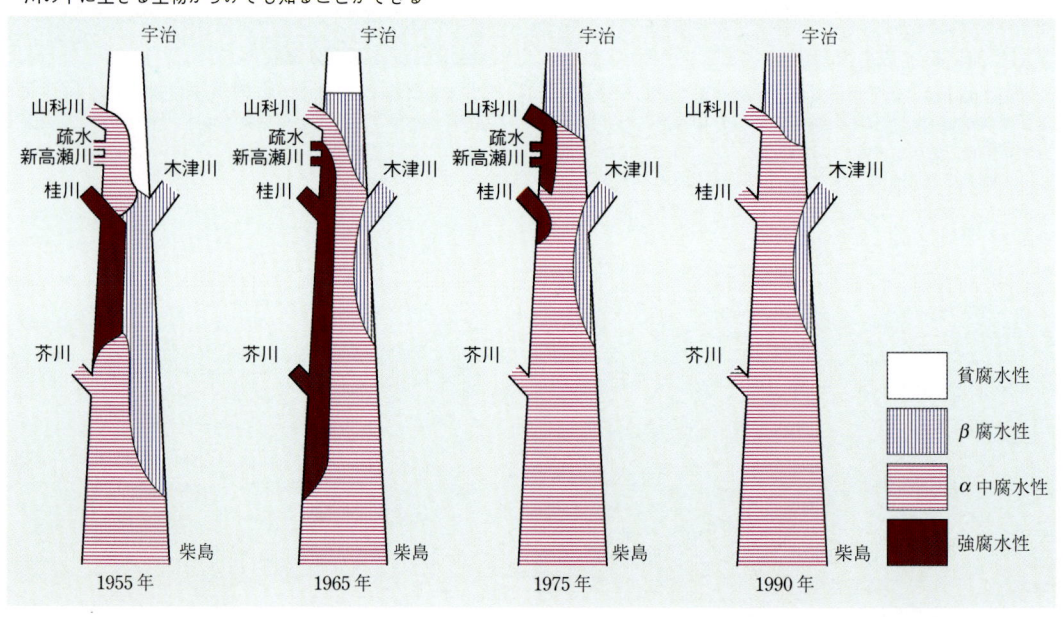

津田，森下：「淀川水系の生物学的水質階級地図」

また，次ページの図に示すように，下水道の普及により水質汚濁が改善され，一度は姿を消した魚などが都市河川にも姿をみせるようになるなど，生物の生息・生育環境が改善されてきたことがうかがえます。

このように，下水道は，これまでにも水質汚濁の削減によって生物の生息・生育環境の改善に大きな役割を果たしてきました。

また、"富栄養化"についても、栄養塩を含めた排出規制などが実施される一方で、下水道においては、高度処理として窒素やリンの処理を導入し、公共用水域へ放流される処理水による負荷を低減するよう努力がなされてきています。

さらに、市民の間では無リンの洗剤や石鹸の使用促進運動などによって、水環境の改善の取組みがなされています。

下水道の普及率と河川の水質
下水道普及率の上昇に伴って水質が改善されていったことがわかる。
また、水質の改善に伴って、水辺のイベントが再開されたほか、アユやハゼなどの生物も戻ってきた

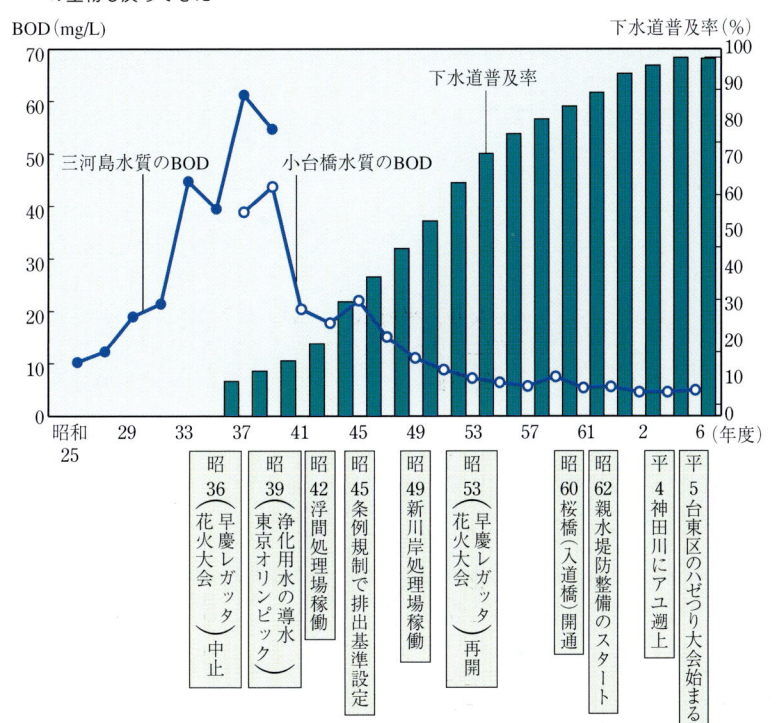

隅田川水系の下水道普及率と水質の推移（「環境白書」を一部修正）

昭36 早慶レガッタ・花火大会中止
昭39 浄化用水の導入・東京オリンピック
昭42 浮間処理場稼働
昭45 条例規制で排出基準設定
昭49 新川岸処理場稼働
昭53 花火大会再開
昭60 桜橋（入道橋）開通
昭62 親水堤防整備のスタート
平4 神田川にアユ遡上
平5 台東区のハゼつり大会始まる

注1. 水質は、三河島処理場地先と小台橋のBOD値の2ヵ年度平均を示す。
2. 下水道普及率は、隅田川流域（板橋・北・練馬区）の面積普及率で、昭和36年以降の隔年値。

風間真理(1996)：「都市の中に生きた水辺を」（桜井善雄他 監修）、信山社

そして、微量化学物質の問題については、たとえば環境ホルモンについてみれば、下水処理場における処理過程で流入下水に含まれる環境ホルモンが低減されているという調査結果もあり、水環境中に放出される化学物質を削減することにおける下水道の果たす役割が期待されます。

しかし一方で、下水処理の過程で発生する汚泥へ化学物質が移行するという問題や、総量としては削減しているとはいえ、局所的な水域に集中して化学物質が放流されることの影響は把握されておらず、今後も十分に調査を進め、下水道がこの問題に対してどのように貢献していけるのかについての検討が必要です。なお、その対象となる物質の範囲が非常に広いことや試験検出方法の難しさなどから、これまでの化学的な水質分析による管理に加えて、バイオアッセイ（生物検定）などの新たな手法による管理も考えられていて、アメリカではすでに実施され始めています。

コラム

環境ホルモン

『環境ホルモン』とは造語であるが，いまや，生態系への悪影響について語られる時に，必ずといってよいほど使われている言葉ではないだろうか。

環境ホルモン(外因性内分泌攪乱化学物質)による環境汚染は，人や野生動物の内分泌作用を攪乱し，生殖機能阻害，悪性腫瘍などを引き起こす可能性があるといわれ，世代を越えて深刻な影響をもたらすおそれがあることから，実態の把握，因果関係の解明などの体系的な取組みが国内外で進められている。

環境ホルモン問題は，昭和36年の『沈黙の春(レイチェル・カーソン)』にその原点が示されているといえる。さらに，平成9年の『奪われし未来(シーア・コルボーンら)』において，生物へ与える影響についての問題が大きく取りあげられ，その序文においてゴア米国副大統領が，「我々や子供たちがどれだけこのような物質に暴露されているか研究努力を拡大しなければならない」と指摘し，社会的関心が大きくなり，平成10年には，『メス化する自然(デボラ・キャドバリー)』が出版され，マスコミでも頻繁に取りあげられるようになった。

環境ホルモンは，人や野生動物が「メス化」する物質だと一般にはとらえられているが，それにとどまるものではない。

人の主要なホルモン作用としては，成長ホルモン，甲状腺ホルモン，インシュリン，副腎皮質ホルモン，エストロジェン(女性ホルモン)，アンドロジェン(男性ホルモン) がある。**環境ホルモン**とは，これらを分泌過剰としたり，逆に分泌不足としたりする懸念がもたれているものである。

さて，下水道には，実にさまざまな物質が，さまざまな経路で流入してくる。そして，その中には，**環境ホルモン**と呼ばれる物質も存在していることが確認されている。右下の図は，処理場における**環境ホルモン**濃度の一例である。生物処理を行うことで，90％以上の低減が図られており，さらに，砂ろ過，オゾンなどの高度処理でより低減していることが示されている。

環境ホルモンの影響は，プランクトンや植物にも及ぶ。そもそも環境庁より提示されている**環境ホルモン**(内分泌攪乱作用の疑いのある物質)67物質のうち，約2/3は農薬であり，ダイオキシンやDDT，PCBも含まれている。環境ホルモンとしての作用以外に，毒性をもつ物質が多いのである。

次世代に豊富な生態系を保有した社会を残していくうえで，水環境と密接な関係にある下水処理水中の**環境ホルモン**についても，継続して考えていくべき課題である。

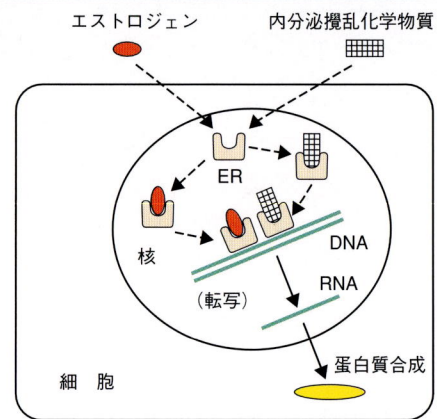

ER(エストロジェンレセプター)：エストロジェンと結合して，遺伝子(DNA)を活性化させる。
図は，エストロジェン作用を模式化したものであり，ノニフェノールなどが代表的な物質と考えられる

エストロジェン作用の概念図

環境庁(1998)：環境ホルモン戦略計画SPEED '98

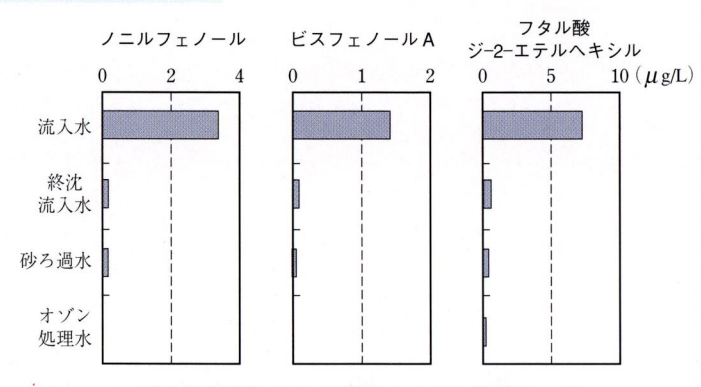

下水処理場における環境ホルモン濃度の一例

「下水道における内分泌攪乱化学物質に関する調査報告書」(H12.4)より

3.3.2. 水辺空間および水量の変化と下水道の役割

（1）水辺空間および水量の変化と生態系への影響

① 河川などの水路構造の改変

　昭和30年代以降，河川や湖沼などの護岸が，治水上の対策として三面張りに代表されるコンクリート構造となりました。極端な場合には悪臭，外観の悪化などの理由により，さらに蓋が掛けられ暗渠となる小河川もありました。その結果，このような河川などでは，生物の生息・生育する環境が失われたり，産卵など繁殖できる場がなくなることにより，多くの生物がみられなくなりました。

都市化に伴う小河川での流れの消失と三面張り
写真の安春川は5章でも紹介するように，処理水を利用した整備により再生した

整備前の安春川

② 都市化に伴う流出過程の変化

　都市開発による，降雨や洪水時に水が溜まりやすい場所である低地への宅地の進出や，森林の開発による保水性の低下，建物，道路舗装などによる不浸透域の拡大などが昭和30年代以降に起こりました。それにより土地の保水，遊水機能は低下し，都市型水害といわれる浸水被害が多発するとともに，**河川の平常時における流量低下**を招きました。とくに水量の少ない小河川・水路の場合，水源となる湧水の枯渇などによって流れが平常時全くなくなってしまった事例もみられるようになりました。

　このような流量低下の結果，生物の生息・生育空間は大きく低下し，水辺の生物の多くがみられなくなりました。

　下水道の整備は，その目

野川（天神森橋）における流量変化と下水道普及率
下水道普及率の上昇とあわせるように，河川の流量が減少していった

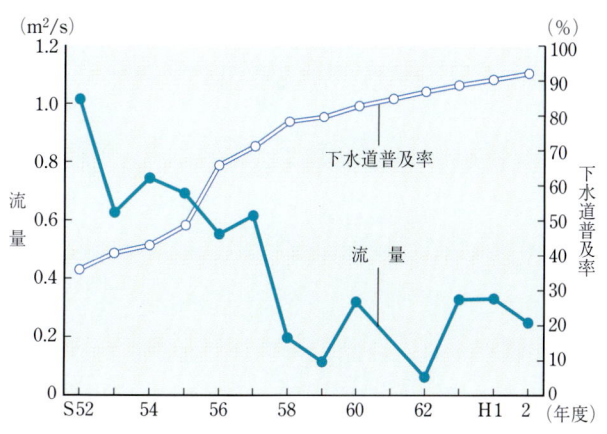

環境庁水質保全局編（1995）：「これからの水環境のあり方」，大蔵省印刷局

的の一つである雨水排除や汚水の迅速な排除によって，都市域における浸水被害の回避に大きな役割を果たしてきました。一方で，本来徐々に地下に流れ込むべき水が，下水道の整備によって集約され，下流域でまとめて放流されるまで河川に戻らなくなったことも河川流量の減少を招いた原因の一つとしてあげられています。

③ 処理水の増加

　前述の問題と相反して生じるものとして次のような問題があります。下水処理場で集約して処理され，放流されることで，処理水が放流される都市近傍河川においては，流量中に占める処理水の割合が多く，地点によっては9割を超える場合もあります。そのため，このような河川などの放流先水域における流量や水質は，放流される処理水に大きく左右されることとなり，生態系にも大きな影響を与えていると考えられます。

晴天時の河川水量に占める処理水の割合
都市域においては，河川を流れる水量のかなりの部分を処理水が占めるようになってきている

（多摩川・荒川等流域別下水道整備総合計画策定調査による昭和63年の試算値）

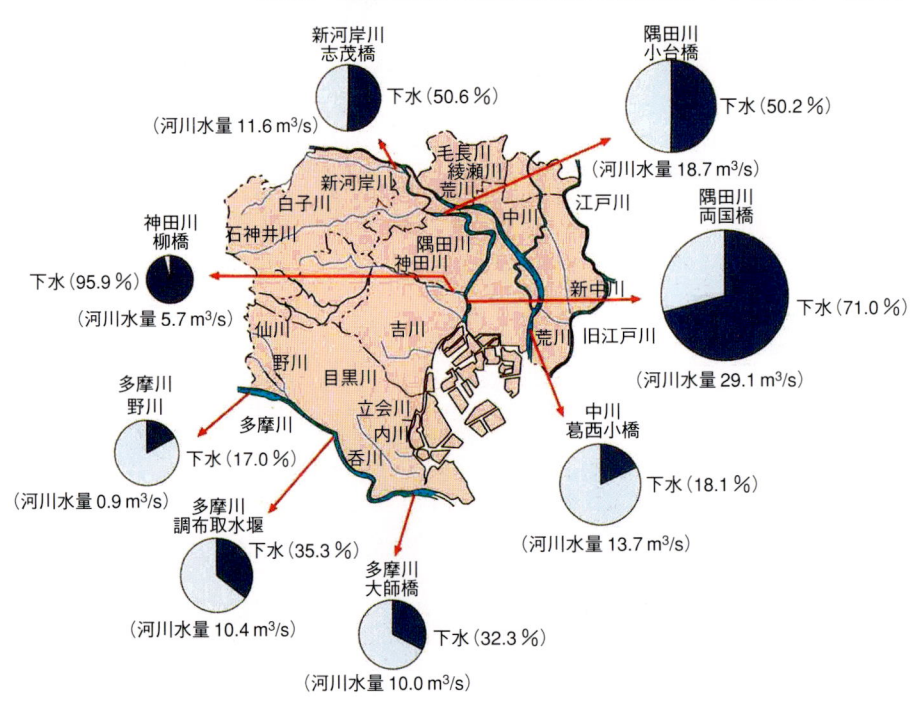

新河岸川　志茂橋　下水（50.6％）　（河川水量 11.6 m³/s）
隅田川　小台橋　下水（50.2％）　（河川水量 18.7 m³/s）
神田川　柳橋　下水（95.9％）　（河川水量 5.7 m³/s）
隅田川　両国橋　下水（71.0％）　（河川水量 29.1 m³/s）
多摩川　野川　下水（17.0％）　（河川水量 0.9 m³/s）
中川　葛西小橋　下水（18.1％）　（河川水量 13.7 m³/s）
多摩川　調布取水堰　下水（35.3％）　（河川水量 10.4 m³/s）
多摩川　大師橋　下水（32.3％）　（河川水量 10.0 m³/s）

東京都下水道局ホームページ
<http://www.gesui.metro.tokyo.jp/data/fmap07-1.jpg>

（2）水辺空間および水量の問題と下水道の役割

　　ここであげられた問題に対する解決策の一つとして，近年下水道では，処理水や雨水を利用して雨水渠などの小河川・水路を再生し，コンクリートで固められた河川や水路を自然に近い水辺へ再整備したりするなど，都市域に水の存在を復活させようとする動きが多くみられるようになってきました。

　　また，下水道整備による河川流量の減少や処理水量の増加は，下水道が河川の流量維持に対して積極的な役割を果たすことができる可能性を示すものであり，雨水の地下浸透および処理水の分散放流，上流への還元などの工夫が今後の施策課題として注目されています。

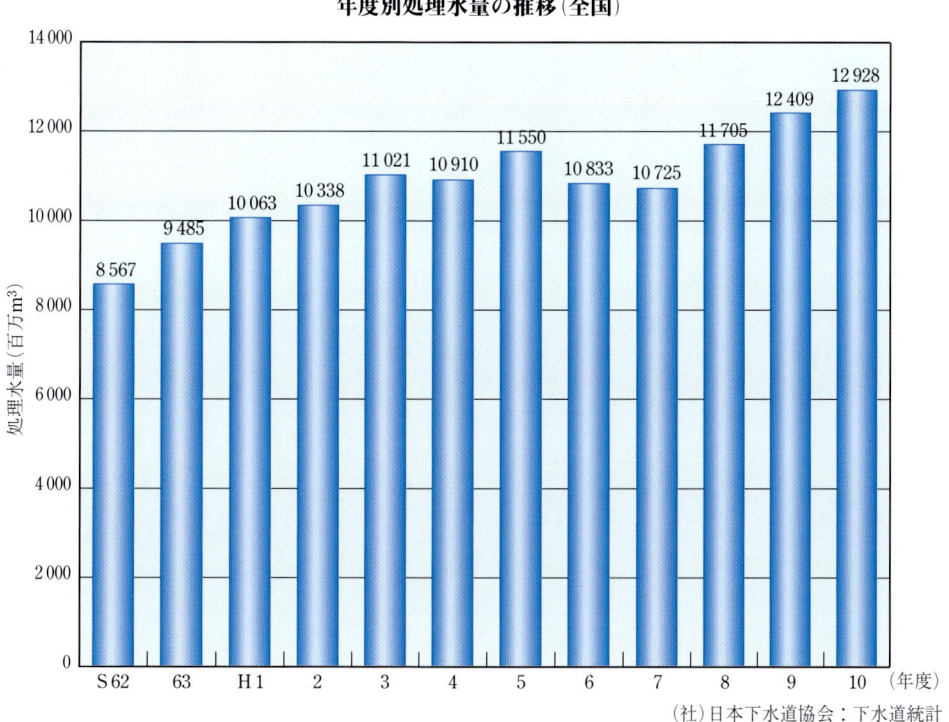

年度別処理水量の推移（全国）

年度	処理水量（百万m³）
S62	8 567
63	9 485
H1	10 063
2	10 338
3	11 021
4	10 910
5	11 550
6	10 833
7	10 725
8	11 705
9	12 409
10	12 928

（社）日本下水道協会：下水道統計

3　水環境の変遷と生態系

コラム

下水処理水の割合の多い水域でのBODの特徴···N-BODとC-BOD

　下水道の重要な役割として，公共用水域に排出される汚濁物質を除去し，水域の環境を保全することがあげられる。この汚濁物質としては，従来より有機物を対象にしており，下水道はこの除去において大きな効果をあげており，放流先水域の水質改善に寄与してきた。たとえば環境水の水質を評価する重要な指標として，溶存酸素（dissolved oxygen：DO）が十分な条件下で，20℃5日間に微生物が消費するDOより求めるBODがあるが，下水道の整備は公共用水域のBOD低減に貢献してきた。

　しかし近年，下水道から放流される処理水がきれいになっているにもかかわらず，河川水のBODが上昇する事例が報告されている。

　これはBODの測定方法と下水道の機能の両方に起因する現象と考えられる。BODの測定は，有機物などを微生物が酸化分解する際の酸素消費量を測定している。有機物が多い（水が汚い）場合には有機物の分解が優先し，ある程度水がきれいになり，硝化細菌が多い条件ではアンモニアが酸化されるようになる。このアンモニアによる酸素消費量を「窒素系生物化学的酸素要求量（nitrogenous biochemical oxygen demand）：N-BOD」というが，これは試料中の硝化細菌およびアンモニアの量のほかに，BOD測定用の希釈液に添加するアンモニアによって増加する。そのため，下水試験方法では，そのような場合には硝化細菌の働きを抑えるようにして測定する。これを炭素系生物化学的酸素要求量（carbonceous biochemical oxygen demand）：C-BODまたはATU-BOD）」という。

　下水道で現在広く行われている標準活性汚泥法は，有機物の除去を目的とした方法であり，アンモニアを安定して除去するには高度処理の導入が必要だが，現状では普及が進んでいないという問題がある。

　このため，下水道の整備により有機物の負荷が減少し，C-BODの汚濁負荷が減少した河川においては，アンモニアによるN-BODが高くなり，結果としてBODが上昇すると考えられる。また，このことは今後下水道の整備が進むに従ってN-BODによるBODの上昇が多くの河川で生じる可能性も示唆している。

　この問題を生態系から考えるとどうであろうか？
　C-BODもN-BODも，水中の酸素を微生物が消費し，DOを低下させるため，水生生態系に影響を与える可能性がある。しかし，同じBOD濃度でも水生生物に対する影響は同じなのであろうか？

　現在までに水質の汚濁と生態系の関係について多くの検討がなされているが，汚濁としてはC-BODを対象としたものが多く，N-BODと生態系の関係については検討された事例があまりなく，不明である。また，N-BODも問題であるが，むしろアンモニアの生物毒性が問題と指摘する研究者もいる。

　今後，N-BODやアンモニアと生態系の関係について詳細な検討が進むことにより，生態系に配慮した下水道のあり方を考えるうえで有益な情報が得られるだろう。また，高度処理の評価が閉鎖性水域の富栄養化防止のみならず，生態系の保全の面からも高まることも考えられ，21世紀における下水道のあり方について重要な指針が得られるのではないだろうか。

下水道における生態系に対する視点 4

　ここでは，生態系と下水道とのかかわりに対する視点，とくに下水道整備が生態系に及ぼす影響をできるだけプラスにするための考え方について整理を行います。

　水域や陸域の生態系が互いに関係しながら，ある範囲の地域に形成される生態系を地域生態系と呼びます。下水道からの処理水は，その放流または再利用されている水域の生態系に対して大きな影響を与えており，そのかかわりにおいて良好な生態系の構築に大きく寄与する可能性がありますし，処理水だけでなく雨水についても良好な生態系の構築に寄与できる可能性があります。また，海域に処理水を放流する処理場も多いことから海域への影響についても重要です。さらに，影響が考えられる生態系の範囲は，建設段階における土地開発や建設工事中の騒音，排出ガス，処理過程における排気，汚泥，熱などを考えると陸域の範囲まで広がると考えられます。

　しかし，本書では，生態系という幅広い概念と下水道とのかかわりを把握するにあたっての第一歩として，主に処理水が放流あるいは再利用されている河川・湖沼・せせらぎなどの水域と地域生態系に注目してまとめることにします。

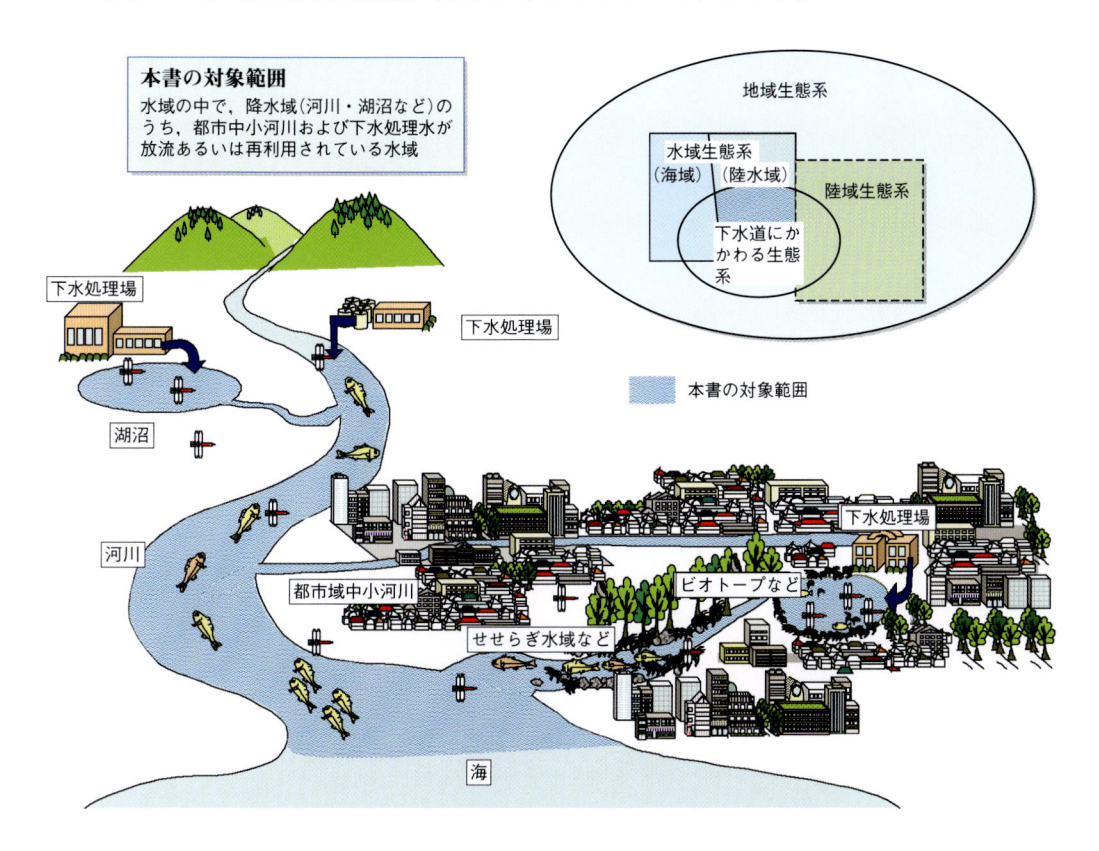

本書の対象範囲
水域の中で，降水域（河川・湖沼など）のうち，都市中小河川および下水処理水が放流あるいは再利用されている水域

4.1. 下水道の地域生態系とのつながり

　下水道は，3章でみたように，水環境の問題点に対してこれまでにもさまざまなかたちでかかわりをもち，良好な生態系の維持に貢献してきました。また，近年では下水道整備による汚濁の削減のほかにも，下水処理施設からの処理水を都市の枯渇した河川や水路に放流して生物の生息・生育環境を回復させたり，池やせせらぎなどを新たに設置して生物の生息・生育場所を再生する試みも増えてきています。このような試みをはじめとする対応策がどのように水域生態系とつながり，ほかの分野などとかかわっているかを図に示しました。

　下図で示すように，主に下水道における対応は，処理水が放流あるいは再利用されている水域を中心とした生態系にかかわっていて，それらは陸域など水域以外の生態系とも関係しています。そのため下水道は，生息域ネットワークや地域の水環境の改善を介して，大きく地域生態系に関与していくことになります。そしてネットワークを構成す

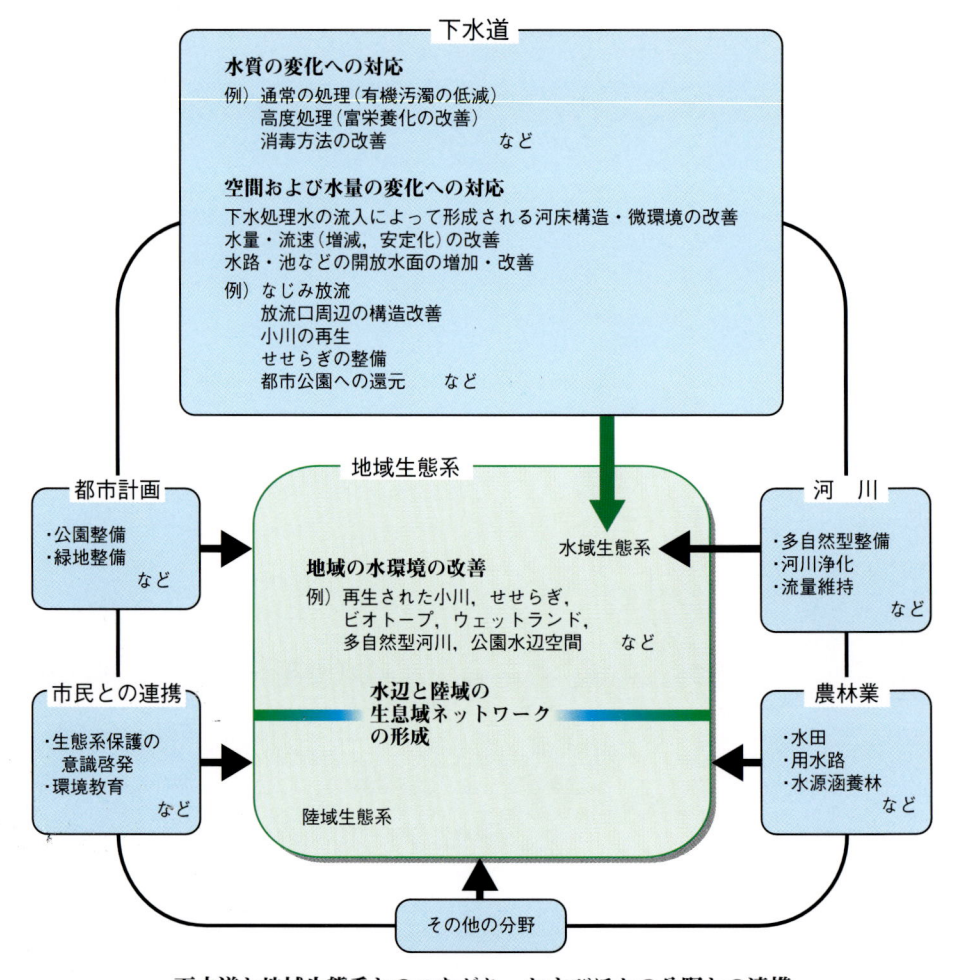

下水道と地域生態系とのつながり，およびほかの分野との連携

る生態系は、ほかのさまざまな分野ともかかわりをもっていることから、地域生態系を考える際には、下水道以外の分野と連携をとりながら対処することが必要です。

4.2. 処理水の放流先水域の生態系に対する課題と対応

今日の水環境においては、3章で紹介した以外の問題も、さまざまな要因から生じてきています。下水道は自然の水循環を変更することから、放流水の影響によって水環境に問題を生じさせる可能性と、問題の解決に大きく貢献する可能性の両面をもつため、これらの課題への積極的な取組みも必要となってきています。

ここでは、処理水が放流または再利用される水域での地域生態系において、処理水だけでなく、下水道以外で水質的変化や空間の構造的変化、水量や流速の水理的変化などにかかわる要因も含めて、生態系に影響を与える可能性のある課題と対応の例を下表に示します。

放流先水域における処理水の影響と下水道での対応の例

影響の項目と内容の例		下水道での対応の例
水域の水質的変化（底質の変化含む）		
富栄養化	栄養塩が増加することにより、もともと生育していた藻類構成が変化し、その結果、底生動物や魚類相などの生物相に変化が生じる可能性がある。 付着藻類が繁茂することにより、水域の生産性は高まるが、繁茂した付着藻類が剥離して、流下することにより外観の悪化を生じさせるとともに、溜まりなどに集積することによって腐敗が起こり、悪臭を発生させることがある。	・高度処理による放流水からの栄養塩削減など
水温の安定化	処理水の水温は自然水域に比較して安定していて、季節などによる変動が少ない。このため、生物のライフサイクルの影響、たとえば魚の産卵などへの影響が考えられる。	・放流前の緩衝池による水温の調整など
NH_4-Nの増加と生物毒性	硝化細菌の作用によって水中の溶存酸素を低減させる可能性がある。NH_4-Nの濃度が高くなった場合に、生物に対する毒性をもつ場合がある。	・高度処理による窒素除去と硝化の促進など
消毒の影響	塩素消毒の場合、生物の生息・生育に影響がある。魚や貝などの有用生物への影響が問題とされることがある。	・消毒方法の改善など
底質の変化による特定昆虫の大量発生	放流先水域の水生植物の繁茂、底質の変化などによりユスリカの発生しやすい環境が整い、逆に天敵となる捕食者の生育環境が悪化することから、季節的にユスリカによる蚊柱が生じて、住民から苦情が寄せられることがある。	・高度処理による濁質や有機物、栄養塩の低減など
微量化学物質	処理水が集中して放流されることにより、含まれる微量化学物質による生物毒性などの影響を水生生物が受ける可能性が考えられる。	・高度処理の導入、受入れの制限など
水域の構造的変化		
護岸構造変化	放流先の護岸構造によっては、水質以外の要因で生物の生息・生育環境を制限する可能性がある。	・せせらぎ水路における生息・生育環境の改善など
河床構造変化	放流先に溜まりが生じることにより、魚類が集まりやすくなるなど、ハビタットの変化を生じさせる。 せせらぎなどの場合、河床材料が泥、砂、礫などによって生息・生育する生物が制限される。	・放流口構造の改善やせせらぎの整備による生息・生育環境の改善など
水域の水理的変化		
流量の変化（増減・安定化）	流量の安定化は、特定の生物には好ましい生息・生育環境を提供するが、季節などによる流量変化を前提に生息・生育していた生物にとってはダメージを受けることとなり、生態系のバランスを崩す可能性がある。	・分散放流による流量の調整など
流速の増加	放流口付近での流速の増加は、魚を集める効果のあることが多く、放流先水域での生物の分布を変える可能性がある。	・放流方法の改善による流速の調整など

これらの課題は，見方を変えれば，その解決を図ることによって"快適な水辺空間や豊かな生態系の維持または創出"などの社会的要請に対して，下水道が積極的な役割を果たしていくことができる可能性があることを示しています。そして，このような取組みを実施するにあたっては，下水道そのものが環境事業であるという認識にたち，より良い生態系を形成することを目的として整備を行っていくことが重要です。

4.3. 生態系に配慮した下水道整備を進めるために

生態系への配慮を具体的な施策に反映させるには，どのような視点に注目し，どのような手順で考えを進めていくことが必要なのでしょうか。これはケースごとに環境や社会的背景が異なるため一概にはいえませんが，大枠の考え方の流れをまとめてみます。

4.3.1. 下水道における生態系に対する視点

下水道が水域の生態系を守るために使うことのできる資産は，主に処理水や水路，処理場の施設空間およびその用地です。前に述べたように下水道が水域の生態系へ与える影響においては，水量・水質に関する点が最も重要となります。また，生態系に配慮するためには生物の生息・生育の場について考慮することも重要となります。

そこで，下水道において生態系をとらえる際にポイントとなる視点と流れを示します。次ページの図に示すように，特徴把握 ⇒ 目標設定 ⇒ 整備計画策定 ⇒ 実施による効果の把握，という流れでみていくことが大切です。とくに生態系保全の目標は，地域の生態系の特徴を反映すべきですが，対象の水域で昔（たとえば，高度成長期以前）生息していた魚たちが戻ることや，現在の住民が求める生態系が実現するといった考え方もあると思われます。いずれにしても地域住民の意見を反映したものとすることが重要です。

さらに，これらの整備を行うことにより，生態系がどのように変化したかについて常に調査・検証して，その内容や目標の評価を行いつつ，より目標に近づけるように下水道を整備（計画，設計，建設，維持管理，改良，更新，広報など）していくことが重要であるといえます。

ただし，処理水が放流先水域に"より豊かな生態系"を形成するために必要な水質などの情報は，現段階では十分に把握されてはいません。したがって，既往の情報を収集整理するとともに，調査，試験，検証を実施することにより下水道と生態系のかかわりを把握していく必要があります。

上述の視点は，主に下水道が独自に取り組める部分についてまとめたものですが，これらの視点以外にも生物の生息・生育条件として，河道の形状や河床の状態など広範囲な課題が存在するため，放流先水域の構造や管理などによっても処理水放流の影響は大きく異なってきます。これまで下水道では主に水質における貢献を重視してきました。また，管理分担の問題もあり，下水道施設から放流された後の水に，どこまで下水道が責任をもてるのかといった点についての整理も十分になされてはいません。したがって，

今後はそれぞれの地域における水循環の体系の中で処理水が放流される河川に必要な要件を整理し，その中における下水道の位置づけを明確にしていく必要があります。そして必要な要件のうち，まず下水道が「やるべきこと」や「できること」に対する取組みを進める一方で，下水道だけではできないことについては河川管理部所や市民活動との連携や働きかけも積極的に行っていく必要があります。

地域生態系の特徴の把握
- それぞれの地域で生態系には特徴があり，どこでも同じように生態系をとらえることはできないことを認識する
  そのため，事業の対象となる地域の生態系の特徴をとらえる

生態系保全の目標設定
- 目標とする生態系，自然環境は，その地域本来の自然の回復を基本としてめざすものを設定する
- 生態系全体の豊かさを高めるという視点をもつ
    - どんな生物がいることを望むのか
    - 特定の生物だけが生息できればよいという認識からの脱却
- さまざまなレベルにおける多様性を保つ視点をもつ
    - 生物の生息・生育場所の多様性（水質や水量，河川構造など）
    - 生物の種とその関係の多様性
    - 遺伝子レベルでの多様性（同じ種であっても，遺伝子レベルでの違いがある場合もあり，できるだけその地域の生物を大切にして安易な移入を避ける）
- 地域住民を含めた関係者の合意形成により目標を設定する

整備計画の策定
- 目標水質・水量を設定する
  下水道整備が流域全体の水収支にインパクトを与えるという視点，および放流水質が自然界とは異なっているという視点を重視する
    - さらに処理水質の向上をめざすこと：高度処理の導入，消毒方法の変更など
    - 放流量の分散などの検討を進めること
- 放流水域の構造を考慮し，整備内容を決定する
    - 河川やせせらぎの形態，池の構造などの選定
    - 処理水や下水道施設を新たな生物生息・生育環境として活用
- 地域住民をはじめとする関係者に対する生態系に対する意識啓発のための環境教育の場として下水道施設を活用する視点をもつ
- 目標達成のために必要な整備内容と，コスト・技術面の実施可能性を検討する

（フィードバック）

実施による効果の把握
- 生態系に与える影響の調査・試験・検証は，長期的（数十年からそれ以上）に取り組み，その結果を反映させながら事業を進めていく

生態系に配慮した下水道施策の流れと視点

4.3.2. 生態系に配慮した取組みのアイデア

都市域における生態系へ配慮した取組みにあたっては，地域の特徴を考慮してめざすべき目標を設定しますが，目標を達成するためには具体的にどのような施策が必要なのでしょうか。

実際には，目標としてイメージされる生物群集（たとえば，カゲロウなどの虫がいてヨシノボリやタナゴなどの魚がいて……など）に必要な水質や空間などの条件は多岐にわたり，また不明な部分も多く，今後さらに検討を進めていく必要がありますが，まずは適用範囲が比較的広く，下水道で実施できると思われる具体的な手法について考えてみます。もちろんいろいろなアイデアが考えられると思いますが，たとえば次のような方法をあげることができます。

① 枯れ川に水の流れを回復させ，生物の生息・生育場所を取り戻す

三面張りになってしまったうえ，流量が減少し枯れてしまった都市河川や暗渠化した雨水路の一部に処理水や貯留した雨水を導水して，流れを復活させ，加えて自然な状態に近づけるような河川や下水道の整備を行います。これによって生物の生息・生育場所を取り戻し，多様な生物が戻ってくることが期待できます。

② 水域の水質汚濁を改善し，生物にとってより良い環境を提供する

都市排水などにより汚濁が進んだ中小河川や水路に処理水を浄化用水として導水することで，生物の生息・生育環境を改善することが考えられます。

③ 処理水放流の影響を減らし，生息・生育環境を向上させる

栄養塩除去などの高度処理，塩素処理によらないオゾンや紫外線を利用した消毒方法の採用などがあります。また，このほかにも次のような方法が考えられます。

- 安定池や酸化池などの緩衝池を設置し，処理水を一時的に滞留させ，その間に植生などによる浄化を期待する。
- 放流先水域までの流下距離を長くするために，処理場内や処理場外周，または放流先の高水敷に水路を設け，自然の浄化作用を期待する。

さらに，放流口と水面の差を小さくしたり，分散して放流するなど，処理水が川に入る際の流速や水量をコントロールして急激な水理変化を抑えることで，生物の生息・生育場所に対する物理的な影響を少なくする方策も考えられます。

④ 生物の生息・生育空間を創り出す

処理水を用いて都市内に素堀の湿地を創り，適切な植生を配置することで生物の生息・生育場所を新たに創ります。これによって都市化によって失われた水辺環境の代わりの場となり，かつてみられた生物が再び戻ってくることも期待されます。

しかし，このような空間を整備しようとする場合には，それなりの面積をもった用地が必要となりますが，処理場内の敷地や施設の上部空間を有効利用することで都市域における生物の生息・生育場所の拠点とすることができるかもしれません。

また前述①と②に示した水質改善のための池や水路が，同時に生物の新たな生息・生育場所ともなり得ます。

⑤ 環境教育の場を提供する

下水道の整備を行う際には地域住民の要望や理解も大切です。したがって，住民の方々に共に行動してもらうためにも，生物とふれあい，都市における生態系に対する理解を深めてもらう場が必要です。このような場として，前述①〜③のような施策を活用することも重要となるでしょう。

以上のような下水道が環境への配慮している姿勢，そして下水道整備の重要性について積極的に説明していくことが求められています。

なお，ここにあげたテーマや内容は，試みに示した一例にすぎません。また，本書の対象としている処理水の放流・再利用先以外についても，雨水渠や雨水調整池の整備による開放水面の確保など，下水道が果たせる役割の範囲は広いものがあると考えられます。したがって，地域ごとの特色を活かしたり，ユニークなアイデアなどによって，それぞれにいろいろな施策を自由に考えることで，より特色ある効果的な施策となるでしょう。

さて，上で考えたような生態系に対する影響をプラスにしていく手段は，大きく分けると「再生」と「創出」があり，「再生」は「保全」のための手段の一つと考えられます。また，その他の手法として環境教育の場の整備などのテーマが考えられます。これらの区分と手法の内容を下表にまとめてみます。

下水道における「再生」として位置づけられる工夫としては，"処理水を中小河川に放流する"など，枯れ川や汚濁の進んだ河川を対象として水の流れを取り戻す試みがみら

生態系に配慮した下水道整備の区分と内容の分類

区 分	目 標	下水道整備内容	
		手 法	内 容
再 生	枯れ川に水の流れを回復させ，生物の生息・生育場所を取り戻す	より良い環境へ川を再整備し，水の流れを回復させる	小川の再生，都市中小河川への還元
		現在の環境をそのままに，水の流れを回復させる	
	水域の水質汚濁を改善し，生物にとってより良い環境を提供する	下水道の整備により流入する汚濁を削減し，生息・生育環境を回復させる	●下水道整備 ●なじみ放流 ●高度処理の導入 ●消毒方法の改良 ●ウェットランドの整備 ●流域からの汚濁負荷の削減
		処理水を浄化用水として導水し，水域の汚濁を改善し，生息・生育環境を回復させる	
	処理水放流の影響を減らし，生息・生育環境を向上させる	放流水の水質を改善し，生息・生育環境を向上させる	
		放流方法を改善し，生息・生育環境を向上させる	
創 出	生物の生息・生育空間を創り出す	自然が失われた都市域に新たな生息・生育空間を創り出す	●せせらぎの整備 ●ビオトープの整備：処理場内ビオトープの地域内生息域ネットワークとの連結 ●都市公園への処理水の還元
その他	環境教育の場を提供する	処理水を用いて整備した環境で生物とふれあい，環境への意識を啓発する	●せせらぎの整備 ●ビオトープの整備

れます。さらに、"汚濁の流入などの要因による影響を軽減し、自然を回復・改善していく"試みも、ここにあてはまるでしょう。この「再生」は、下水道が生態系とかかわる際の中心的役割となるものです。したがって、**4.2**で示した課題のほとんどすべての項目において関係があるといえます。

また、「創出」として位置づけられる工夫としては、"せせらぎの整備"、"ビオトープの整備"など、都市域などで失われた自然を代替的に設置するなどがみられます。29ページの表でいえば、「水域の水理的変化」および「水域の構造的変化」に対応する手法といえます。

よって、本書の対象範囲である都市域での放流水域および再利用先水域における手法は、「再生」、「創出」に該当します。

なお、「保全」の手段の中で「保護」、「復元」の視点は、下水道整備では処理場の立地や土地開発などにかかわる計画段階で対象となります。

4.3.3. 下水道行政における生態系への配慮

上記のような行政として生態系に配慮した取組みにはどのようなものがあるかを以下にまとめてみます。

(1) 下水道行政における計画、報告などでの生態系への配慮に関する指摘

平成5年に制定された『環境基本法』において、環境保全上の支障の防止に資する公共施設として下水道の整備を推進すべき旨が明記されており、水質保全施設としての下水道の機能が明確にされ、翌平成6年に策定された「環境基本計画」において水環境の保全に果たす下水道の重要性がうたわれています。これらを受け、都市計画中央審議会答申「今後の下水道整備と管理は、いかにあるべきか」(平成7年7月)や下水道懇談会の報告「水循環における下水道はいかにあるべきか」(平成10年3月)という提言の中で、生態系への配慮が重要であるとの指摘がなされています。

さらに、平成12年2月には下水道政策研究委員会の中間報告において新たな下水道のあり方が示されていて、下水道の有すべき機能を整理し、それぞれの地域の実状に応じて適宜選択されるべきものとしています。この中の「循環を基調とし環境負荷を削減する」機能は、これまでの下水道の主な役割でもあり、その結果は生態系の保全に寄与しているといえます。加えて、新たに「生態系を保全する」機能がうたわれ、「健全な水循環系を構築する」機能においても生態系の総合的な保全の観点を含めるよう提言されています。

このようなことからも、水質、水量、生態系を一体にとらえて水環境を良好な状態に保ち、公共用水域の水質保全および良好な水循環の回復に加え、多様な生物が生息・生育可能な水辺を創るための下水道をめざしていく視点が重要と考えられます。

（2）ビオ・ハーモニー下水道

　生態系との接点を探り，生態系に対する負の影響をできるだけ少なくするとともに，積極的に生態系を活かしていくことをめざして，最近の下水道においては，いろいろな工夫がされており，今後も工夫していく必要があります。

　このような取組みを後押しするための政策の一環として，「**ビオ・ハーモニー下水道**」があります。

　この中では，下水道と生態系とのかかわりを重要視し，「**地域における生態系の健全性を維持・回復**することによって，自然と人間との豊かなふれあい・共生を確保するため，**生息・生育空間の保全や創出，環境教育の拠点づくりとして活用する下水道**」をめざしています。

　その概要は，下図に示すとおりですが，公共用水域に放流するにあたっても，なじみ放流や高度処理，消毒方法の改善，放流位置や構造の改善などにより影響を低減するよう提言されています。また，せせらぎ水路やビオトープなど新たな生物の生息・生育空間の創出もうたわれています。さらに，都市域における自然とのふれあいを視野に入れた教育の場としての位置づけも明確化されました。これは，環境基本計画でも目標とされる「参加」を促すものとなります。

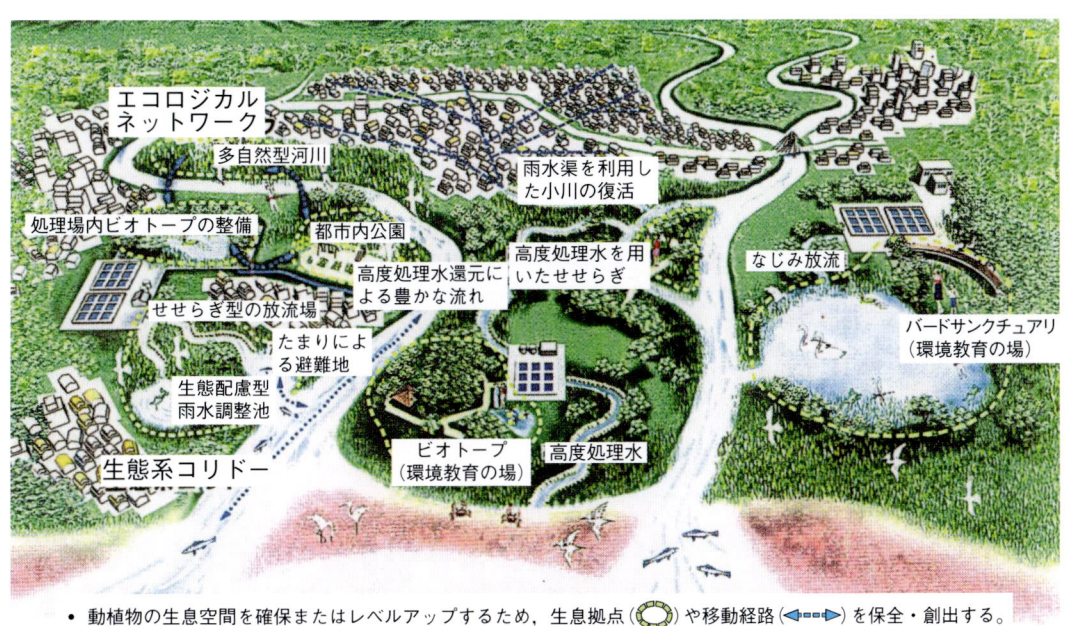

ビオ・ハーモニー下水道のイメージ　　　　建設省(当時)(1999)

生態系にやさしい下水道の事例 5

　前章までで述べてきたように、生態系への配慮は、今後の下水道を整備するうえで重要なポイントとなってきます。下水道における生態系へ配慮する視点は、徐々に広がりつつあり、すでにいくつかの自治体では生物に注目した下水道整備がなされています。
　これらの取組みは、主に水域の生物を対象としたものですが、一方で、下水道と生態系全体とのかかわりを考えていくうえで参考となるものです。
　ここでは、このような下水道整備の例を、その目的別に紹介していきます。

(1) 事例の抽出

　本書では、主に**生物配慮の視点**からの取組みを事例として取りあげました。
　なお、ここで取りあげた事例が、下水道において実施されている生物を意識した施策のすべてというわけではありません。たとえば「現存の生息・生育環境を守るために、下水道を整備し水域に流入する汚濁を削減する」という手法については、下水道が本来的にもつ「公共用水域の汚濁防止」の役割そのものであり、必然的にもたらされる効果です。つまり、すべての下水道があてはまることになります。なお、ここで取りあげた事例は、対象水域の水質汚濁改善だけでなく"生物"を保全する目的で整備を行ったものだけを限定的に扱うものとし、雨水のみを対象とした事例などは扱っていません。

(2) 事例の分類

　前章で述べた再生および創出という視点にたって、事例を分類しました。
　なお、ここで分類された取組みの中には、特定の生物をシンボルとして扱い、その生物のために環境を再生、創出することを当面の目標におく例も多くみられます。これは、厳密には生態系を守るという視点と異なるものですが、生態系を構成する要素の一つを守っていることから、その一部を紹介することにします。
　さらに、水環境と生態系との関係を学ぶ場として、こういった下水道における取組みを活用している例についてもあわせて紹介します。

第5章　生態系にやさしい下水道の事例

事例の分類と詳細紹介事例

	目　標	手　法	内容例	詳細紹介事例		ページ
再生	5.1. 枯れ川に水の流れを回復させ，生物の生息・生育場所を取り戻す	5.1.1 より良い環境へ川を再整備し，水の流れを回復させる	せせらぎ整備	横浜市	江川せせらぎ	39
		5.1.2 現在の環境をそのままに，水の流れを回復させる	処理水導水	東京都	野火止用水 他 （清流復活事業）	45
	5.2. 水域の水質汚濁を改善し，生物にとってより良い環境を提供する	5.2.1 下水道の整備により流入する汚濁を削減し，生息・生育環境を回復させる	下水道整備	愛知県	堀川 （アクアトピア）	48
		5.2.2 処理水を浄化用水として導水し，水域の汚濁を改善し，生息・生育環境を回復させる	処理水導水	東京都	目黒川 （城南三河川）	54
	5.3. 処理水放流の影響を減らし，生息・生育環境を向上させる	5.3.1 放流水の水質を改善し，生息・生育環境を向上させる	処理水質改善	大阪府	渚処理場 （安定池）	59
		5.3.2 放流方法を改善し，生息・生育環境を向上させる	なじみ放流	東京都	八王子処理場 （堤外水路）	63
創出	5.4. 生物の生息・生育空間を創り出す	5.4.1 自然が失われた都市域に新たな生息・生育空間を創り出す	ビオトープ	横須賀市	追浜浄化センター （ビオトープ）	66
再生	5.5. シンボルとなる生物を指標として，生物の生息・生育環境を守る	5.5.1 放流水質を改善し，水産資源の生息・生育環境を守る	処理水質改善	仙台市	広瀬川	72
		5.5.2 放流水質の改善や生息・生育場所の整備により，特徴的な生物の生息・生育環境を守る	処理水質改善	佐賀県 小城町	清水川 （ホタルの里）	75
創出	5.6. 環境教育の場を提供する	5.6.1 処理水を用いて整備した環境で生物とふれあい，環境への意識を啓発する	ビオトープ	神戸市	垂水建設事務所 水環境センター （ビオトープ）	78

5.1. 枯れ川に水の流れを回復させ，生物の生息・生育場所を取り戻す

　都市域においては，降雨時に雨水が土壌に浸透できる面積が減少したことから，中小河川・水路などへ雨水が短時間に集中して流入するようになりました。

　これらの雨水を迅速に排除して都市を浸水から守るため，これらの河川・水路は直線化し，コンクリートで固められるようになりました。このため中小河川や水路は，本来の川の姿とは異なる人工的な姿となり，水辺生物の生息・生育の場所が河川や水路内からなくなっただけでなく，降雨のない時には，水そのものが川の中にみられなくなってしまうところも多くなってしまいました。

　一方で，都市域の住民からは，"憩いや安らぎの場"としての水辺を求める声が大きくなり，社会的な要望にもなっています。

　このような背景のもと，下水処理場からの処理水を有効な水源と位置づけ，川から水のなくなった中小河川・水路へ導水し，水の流れを復活させる試みが各地で行われるようになってきました。また，このような試みにあわせて，水辺空間の整備を行う事例もみられます。

　これらは，都市に生活する人間に潤いをもたらすだけでなく，都市内から一度は姿を消した生物にも生息・生育の場を提供することにもなっています。ここでは，このような処理水を用いて水の流れを復活させ，生物の生息・生育場所を取り戻すことになった事例について，その過程をたどってみます。

5.1.1. より良い環境へ川を再整備し，水の流れを回復させる

　都市化に伴う湧水の枯渇などにより，晴天時の流量が減少した河川・水路に処理水を導水し，あわせて空間整備を行うことにより，都市内に豊かな水辺空間を再生した事例があります。

　ここでは横浜市の江川における"せせらぎの回復"事業を例として取りあげ説明していきます。

江川せせらぎ（横浜市）

（1）都市小河川の役割が，どのように変化してきたか

　江川は，横浜市内を流れ鶴見川にそそぐ約 4.6 km の都市小河川です。横浜市では水洗化促進のため下水道整備を積極的に進めてきており，江川流域においても雨水幹線やポンプ場などの面的整備が進められてきまし

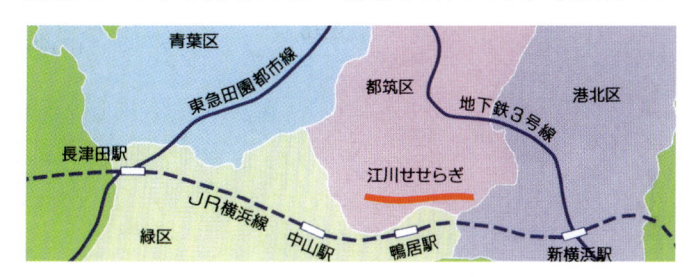

た。これらの諸施設の完成により，これまで江川に流入していた雨水は，川向幹線を通じ川向ポンプ場へと送られ，ポンプ場に隣接する鶴見川へ放流されることになりました。このため江川は，従来の治水機能としての河川の役割を終え，都市内の空間として新たな有効利用方法が求められることとなりました。

改修前の江川（三面張りの排水路）

一方，急激な都市化が進展することによって自然空間の減少が顕著となり，自然環境の保全に対する市民要望が強くなってきました。

そこで，昭和60年には横浜「水と緑のまちづくり」基本構想が策定され，横浜市総合計画における「安全で快適な市民生活がおくれる都市よこはま」の具現化をめざすこととなり，「江川せせらぎ回復計画」が事業化されることとなりました。

(2) 小河川はどのような役割を新たに担えるか

このような背景の中で，江川の水辺環境の回復を図るため，都筑下水処理場の高度処理水を導水し，せせらぎとして再整備しました。

整備にあたっては，せせらぎ全体でゾーン設定を行い，各ゾーンに目的を設定していきました。

　上流部：散策，修景，水遊び
　中流部：散策，水と緑の鑑賞，水遊び
　下流部：散策，魚や植物の観賞，昆虫採集，お花見，水遊び

水路諸元

平均深さ(m)	0.2
水路幅(m)	1.0～2.0
平均流速(m/秒)	0.3
代表路床材料	平石・礫・砂
水路延長(m)	3280
流量・水量(m³/秒)	0.06

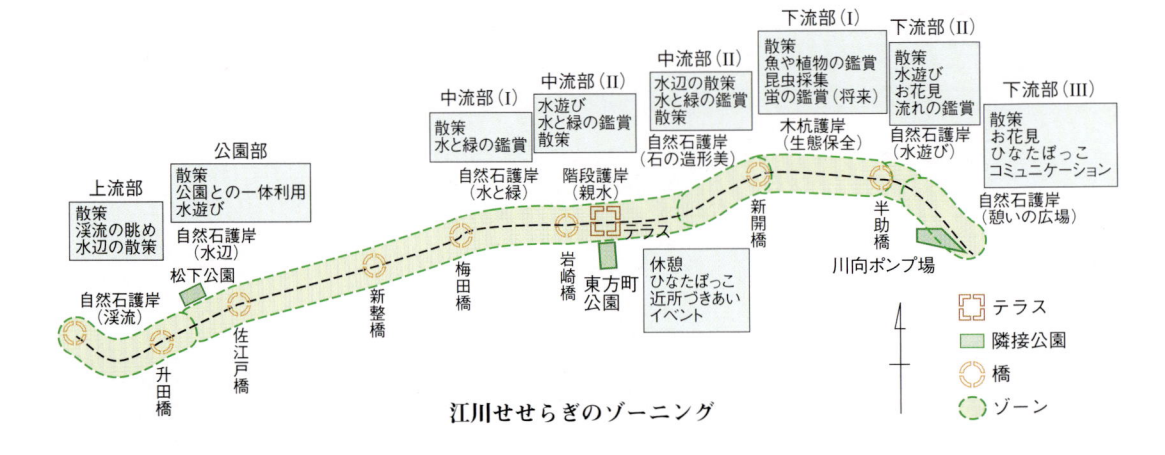

江川せせらぎのゾーニング

このように，修景施設として整備するとともに"魚や昆虫"など生き物の視点も取り入れられています。

　また，水路には，魚や水生昆虫などが生息しやすいよう河床材料に砂利や砂礫を用いたほか，部分的に流速を落とした場所を設置して流れに変化をもたせたり，魚が休息できる場所としての自然石を利用した魚巣工や生態系保全のための木杭護岸を設けたり，生物の生息・生育場所を確保する狙いが計画の中にみられます。

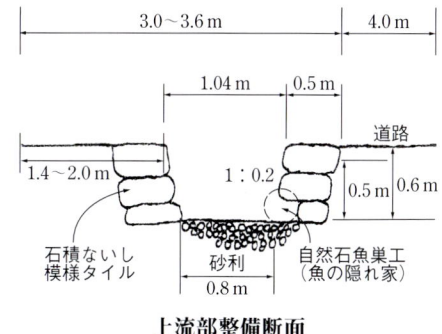

上流部整備断面

（3）より良い環境を実現するにはどうしたらよいか

　平成3年に導水を始めた当初は，せせらぎに供給する処理水は，標準活性汚泥法 ⇒ 砂ろ過 ⇒ 塩素消毒，というプロセスで処理を行っていましたが，せせらぎの中に生物の姿はほとんどみられませんでした。

　しかし，市民から「せせらぎの中に入って遊びたい」，「生き物がいるせせらぎが欲しい」という強い要望を受けました。

　そこで，付着藻類，底生動物，魚介類などの多様な生物生息・生育環境が創出されるように，平成8年に水処理施設を改良し，嫌気・硝化脱窒法 ⇒ 砂ろ過 ⇒ オゾン消毒，の処理プロセスへと変更しました。

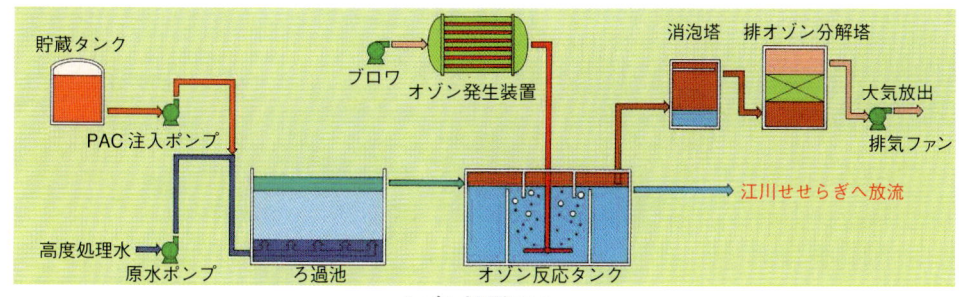

オゾン処理フロー

（4）整備の効果がどのような結果として現れたか

　オゾン消毒に切り替えた後の生物調査によると，生物の多様性指数が徐々に高くなってきています。

　とくに付着藻類では，塩素消毒時には耐塩素性の強い *Chlorolobion* sp.（緑藻類）が優占種でしたが，オゾン消毒に変更後は，徐々に種構成が変化していく様子が観察されました。

　また，底生動物の種類も増加していき，ザリガニをはじめ下流から遡上してきたとみられる魚類（ギンブナ，ドジョウ，ウキゴリなど）の生息も確認されるようになった

ことで、子供たちが生物とふれあえる場としても効果がありました。

このように、江川での取組みは、都市における水辺空間の回復を目的としていますが、同時に生物への配慮の視点も計画段階や追加整備に取り込まれていました。これらの視点は、生態系全体をとらえたものではないにせよ、地域における生物の生息域をネットワーク化する新しい拠点となりうる可能性を示しています。

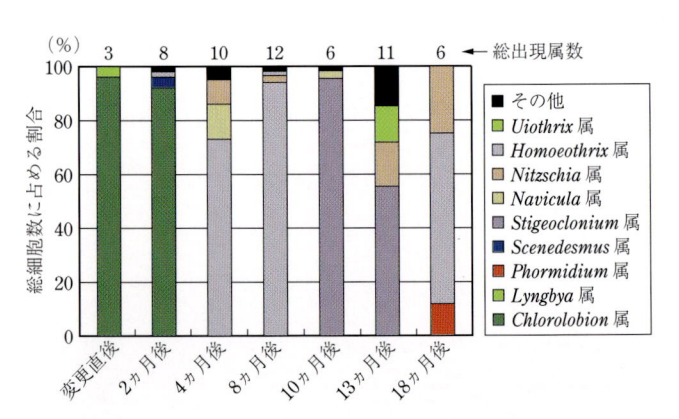

塩素消毒からオゾン消毒へ変更後の付着藻類構成の変化

現在の江川せせらぎ

供給水の水質(平成9年度)

BOD(mg/L)	2.2
SS(mg/L)	ND
T-N(mg/L)	5.5
T-P(mg/L)	0.08
水温(℃)	22.4

江川せせらぎの生物相の変化(供給口付近の底生動物の個体数　単位：個体/m²)

分類名			H8.1.19	H8.5.28	H8.9.25	H9.2.19	H9.7.4	H9.11.18	H10.1.27
軟体動物	マキガイ	サカマキガイ		67	287	685	15	1 369	527
		カワコザラガイ				78	2	178	592
		ヒラマキガイ					2	211	81
環形動物	ミミズ	イトミミズ科						30	
		ツリミミズ科		4	2	2		2	4
	ヒル	ヌマヒル	2						
		ビロウドイシビル	366	19					4
		イシビル科			11	2		139	237
節足動物	甲殻	ミズムシ		15	2	13	4	155	255
	昆虫	サホコカゲロウ		170	2			1 214	
		コカゲロウ属						63	
		コガタシマトビゲラ		2	180			503	11
		ガガンボ					4	11	11
		ヒメガガボ亜科				2	2	11	
		ガガンボ科			2				
		ヒメユスリカ属		2					
		ユスリカ亜科	2						
		エリユスリカ亜科	2	19		48	9		
		ユスリカ科　蛹			2				
種類数			4	8	8	7	7	12	9

(5) 類似事例紹介

安春川せせらぎ（札幌市）

札幌市北部の新琴似地区を貫流する安春川は，屯田兵が浸水対策と湿地の農地化をめざし開削した排水路でしたが，都市化の進展に伴い急激に宅地化が進み，また，固有の水源をもたないことから水枯れ状態となっていました（23ページの写真参照）。

現在の安春川

昭和61年に屯田兵入植100年を迎え，地元住民から環境整備の強い要望が出されました。そこで，創成川処理場の高度処理水を導水し，せせらぎを回復することを計画しました。考慮した点としては，安春川の現状の水路を自然石などで護岸整備を行い，さらに植栽や遊歩道などを加えて潤いと安らぎのある水辺空間として創出しました。また，遊歩道には，下水汚泥の焼却灰を原料に用いたデザインレンガを設置しました。

これらの整備によって，安春川の水辺には散策を楽しむ多くの市民が訪れるようになりました。また，水辺にはカモの泳ぐ姿もみられ，人々の目を楽しませています。

供給水の水質（平成11年度実績）

BOD (mg/L)	3.7
SS (mg/L)	<2
T-N (mg/L)	11
NH_4-N (mg/L)	0.9
T-P (mg/L)	0.17

水路諸元（アメニティ下水道事業部分）

平均深さ (m)	0.2
水路幅 (m)	2.0～2.6
平均流速 (m/秒)	0.34
代表路床材料	壮瞥硬石・割石
水路延長 (m)	620
流量・水量 (m^3/秒)	0.14

安春川の生物相を調査したところ，塩素消毒の影響が特徴的にみられました。残留塩素濃度の高い上流部における付着藻類は，緑藻類で耐塩素性の強い *Chlorolobion* 属が優占していました。また，残留塩素濃度が低下する下流部では，底生動物の種類数・個体数の増加傾向がみられました。現在，創成川処理場では，水質の衛生学的安全性と生態学的観点の両面を意識し運転管理を行っていますが，とくに子供が水に触れる機会の多い夏場には衛生学的安全面を重視し，消毒レベルに留意しています。安全性と生態学的観点の両立は今後の課題といえます。さらに，このせせらぎでの実験において，同じ水質・残留塩素濃度でも河床を石畳状の構造から間隙の多い礫材にすることで，底生動物の多様性が高くなるという結果が得られています。このように，水質や生息・生育空間などの環境要因と生物の関係を検討するための興味深い調査フィールドとしても注目されます。

なお，冬季にはせせらぎ両側の水路に処理水を流す流雪溝を整備し，付近の住民の融雪に活用されていて，四季を通じた環境整備を図っています。

第5章 生態系にやさしい下水道の事例

入江川せせらぎ

現在の入江川せせらぎ

　横浜市を流れる入江川は，急激な都市化の進展に伴い，昭和40年代には生活排水の流入やゴミの不法投棄によって水質汚濁が進行していきました。その後，下水道整備によりかなり水質は改善されましたが，都市化による湧水の減少や雨水幹線整備などによって晴天時は完全に枯渇し，その機能を喪失しつつありました。そこで，地域住民による環境保全の要望の高まりを受け，入江川を憩いと安らぎのある水辺として再生するため，神奈川下水処理場の処理水を導水し，緑の周辺整備とあわせ，せせらぎ緑道として整備を行いました。

　整備においては，適度な蛇行や勾配により流速を調整し，瀬と淵を設けることで流れが単調になることを避けることや，植生ロールをところどころに設置し植物の生育や水生生物の生息・生育環境を確保するなどの配慮を行っています。また，せせらぎへの供給水は，生物の生息・生育を阻害する塩素消毒を避け，親水レベルの水質を目標にしています。

　現在では，A_2O法 ⇒ 砂ろ過 ⇒ オゾン消毒，の処理プロセスにより処理水を供給しています。

　せせらぎ通水後の生物相調査によると，植生ロール周辺に多くの底生動物などが確認され，種類構成も豊かになりつつあります。上流に設けられたトンボ池にもトンボが多くみられるようになりました。なお，入江川せせらぎは整備区間の終わりで旧河川に2m近い段差で落ち込むため，構造的に下流からの魚類などの遡上は望めません。生態系としてのつながりという面で，今後の課題となります。

供給水の水質
（平成9年度実績．標準活性汚泥法による）

BOD(mg/L)	3.6
SS(mg/L)	ND
T-N(mg/L)	13.0
T-P(mg/L)	1.8
水温(℃)	19.5

水路諸元

平均深さ(m)	0.25
水路幅(m)	2.0〜3.0
平均流速(m/秒)	0.3
代表路床材料	平石・礫・砂
水路延長(m)	960
流量・水量(m³/秒)	0.08

5.1.2. 現在の環境をそのままに，水の流れを回復させる

都市化の進展に伴う湧水の枯渇などにより，晴天時の流量が減少または枯渇した河川・水路に，処理水を導水して流れを回復させ，失われた水辺を取り戻す事例があります。
ここでは東京都の野火止用水を事例として取りあげ，考え方を追ってみます。

野火止用水（玉川上水，千川上水）（東京都）

（1）用水路の歴史と変遷（住民の要請）

中小河川や用水路は，都市域に残された貴重な水辺空間ですが，都市化に伴い，近年，水が枯渇したり，水量が減少したりしてきています。

野火止用水は，東京都の武蔵野台地を西から東へ流れる玉川上水の分水で，立川市幸町にある水道局小平監視所付近で玉川上水から分岐し，東京都内の5市を流れた後，埼玉県に入り新河岸川，柳瀬川にそそぐ延長約20 kmの用水路です。

この用水は江戸時代に松平信綱によってつくられ，約300年の間，生活用水・灌漑(かんがい)用水として利用されてきました。

その後，時代とともに野火止用水をとりまく環境も大きく変わり，宅地化の進行により用水路には生活雑排水が流れ込みました。昭和48年には，灌漑地の減少などによって玉川上水からの分水を止めたことにより用水の流れが途絶えました。

その後，市民からの強い要望などを受け，東京都は野火止用水を『東京における自然の保護と回復に関する条例』に基づき「歴史環境保全地域」に指定しました。

流れの途絶えた玉川上水

このような経過の中で，野火止用水の「清流復活事業」が立ち上がり，昭和59年に多摩川上流処理場の処理水を活用して野火止用水の清流が復活しました。そして，同じような状況にあった玉川上水と千川上水についても，それぞれ昭和61年と平成元年に処理水の導水によって清流が復活しました。

（2）復活にあたって配慮された事項

これらの清流の復活に先立って，東京都は用水路への雑排水の流入を防止し，汚濁の進行を防ぐこととしました。

また，導水する処理水の色，臭気，発泡などの改善策として，砂ろ過による浮遊物の削減や，PACによるリンの除去，オゾン処理による消毒・臭気除去・色度除去・有機物の除去などの対策をとって，水質の向上に努めています。

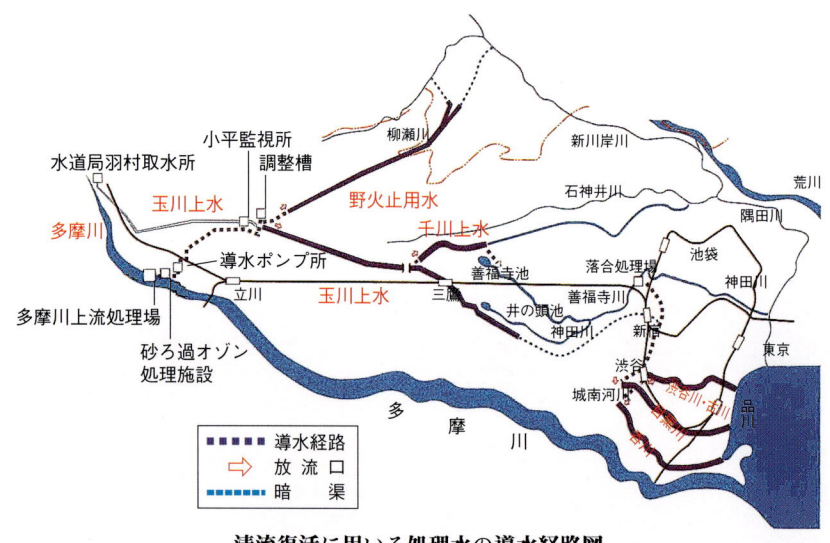

第5章 生態系にやさしい下水道の事例

清流復活に用いる処理水の導水経路図

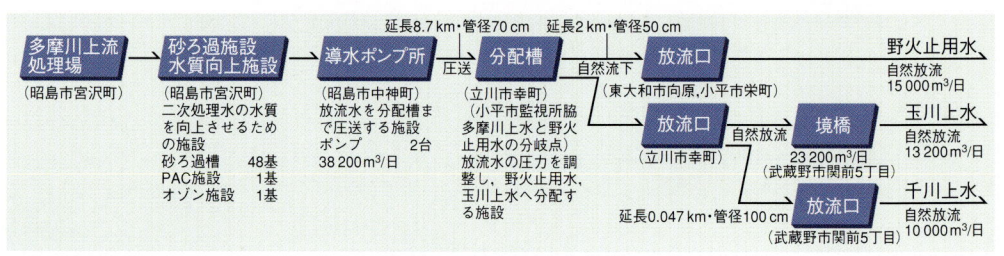

清流復活に用いる処理水の処理フロー

多摩川上流処理場の処理水は、砂ろ過され、導水ポンプ所を経て放流口で送水されます。これらの運転制御はすべて処理場の中央監視室で行われます

改修前の千川上水　　　　改修後の千川上水

東京都都市環境科学研究所年報(1998)：「千川上水における自然環境復元の試み(その3)―新改修区間の生物調査結果―

　また，千川上水においては，平成8年にコンクリート護岸部分の直線的な水路約80 mを流れが緩やかで水草の繁った形態に改修しました。この部分ではヤシでつくった植生ロールを設置して植栽を行い，水深を上流側で5～10 cm，下流側で20 cm程度に設定しました。

(3) 施策によってどのような環境が取り戻せたか

　通水後，野火止用水周辺の緑はより一層活力を増し，水生生物の調査では，コガタ

通水後の野火止用水における底生動物出現状況

和名	90年				91年						92年
	5月	7月	9月	11月	1月	3月	5月	7月	9月	11月	2月
コカゲロウ	2	2	2				5	2	9	6	2
コガタシマトビケラ	2	38	33	103	55	3	29	66	7		
ヒメトビケラ									42	3	
トビケラの一種										1	
ホシチョウバエ					1						
ミズムシ								1			
アメリカザリガニ		1									
カワコザラガイ	5	1	11	2	15		3		1	2	
ドブシジミ			2								
ヒル								1			

数字：個体数/25×25 cm²

東京都環境科学研究所年報(1992)：「玉川上水，野火止用水，千川上水の底生動物相」

シマトビケラやカゲロウなどの昆虫の幼虫がみられ，アメリカザリガニなども観察されるようになりました。

また，千川上水の再整備によって創られた止水域では，河床の底質もさまざまで，腐葉，細泥，砂，砂利，礫など多様な場所がみられました。この水域にはオイカワ，カワムツ，タモロコの仔稚魚やヒメモノアラガイが多くみられ，淀みではトンボ類の幼虫やオタマジャクシも出現し，豊かな生物相が形成されるようになりました。そして，この再整備に対する市民の反応は良好であり，市民の憩いの場，精神的な安らぎの場として，水辺に親しむ空間を提供しています。

失われた水辺がこの取組みによって復活したことにより，生物の生息・生育環境が改善されると同時に，周辺の生態系を形成するうえで重要な役割を担うようになりました。

供給水の水質(平成10年度実績)

pH	6.9〜7.1
BOD(mg/L)	1
COD(mg/L)	7
SS(mg/L)	1
T-P(mg/L)	0.9
T-N(mg/L)	14.1
NH_4-N(mg/L)	0.4
NO_2-N(mg/L)	0.2
NO_3-N(mg/L)	12.2
透視度(cm)	100
色度(度)	6
濁度(度)	0.4
大腸菌群数(個/mL)	4

(4) 今後の展開

野火止用水における底生動物などの生物相は，上述したようになっています。

しかし，現状では，河床形態に瀬や淵がなく，単純なことや，コイが多数生息しているため底生動物が食べられてしまうことが考えられます。このため，今後は，多自然型への水路整備，水草の移植，コイの入れない場所の設置など，水辺環境整備を行うことで，多様な生物群集の定着をめざしています。

現在の野火止用水

5.2. 水域の水質汚濁を改善し，生物にとってより良い環境を提供する

　都市部では，急速に進んだ人口の増加や産業の発達に伴い，都市域の中小河川や水路には雑排水が多量に流入するようになり，これらの河川・水路は「排水路」の様相を呈しているものもあります。そして，ヘドロの堆積や嫌気化による悪臭などとともに，本来生息・生育していた生物も姿を消していきました。

　このような河川・水路においては，水質を改善することで人々に安らぎを与え，水生生物が戻って来られるようにするための，さまざまな試みがみられます。

5.2.1. 下水道の整備により流入する汚濁を削減し，生息・生育環境を回復させる

　中小河川で水質汚濁を改善し元の姿を取り戻すために，川へ流入する汚濁を下水道によって排除し，水質を改善させる事例があります。ここでは愛知県碧南市の堀川における事例を取りあげて，その過程を追ってみます。

堀川アクアトピア（愛知県）

（1）汚濁が進む都市河川と社会的要請

　愛知県碧南市は，古くは海上交通の要衝としての港町として開け，市内を流れる堀川もその一環として江戸時代には，塩田に塩水を導いたり塩の運搬路として活用されるとともに，地域の排水を負担する河川でした。昭和25年頃まではアサリ，シジミがとれ，昭和30年代までハゼ，ボラ，コイ，フナなどが生息し，釣りや水遊びなど子供たちの絶好の遊び場として親しまれてきました。

　しかし，昭和36年に衣浦港が重要港湾の指定を受け，その後大規模な臨海部の工業用地造成がなされるとともに都市化が進み，市街地より発する生活雑排水の流入に

整備前の堀川

より，堀川の水質や底質は悪化の一途をたどりました。昭和57年の水質検査ではBODの値は平均で29.5 mg/Lまでになり，晴天時の干潮時にはヘドロから悪臭を発している状況で，市場や寺を訪れる観光客の人々も堀川には目を向けなくなってしまいました。また，石積み護岸の崩壊を防ぐために鋼矢板で根固め工事がなされるなど，生物の生息・生育地としての環境も悪化していきました。

このような状況に対して，憩いの場として親しまれてきた堀川を復元し，清流を取り戻すことは市民の長年の要望でありました。また，河口部には漁港があり漁業組合からも堀川の水質改善が強く望まれていました。

(2) 豊かな自然を取り戻すために

平成2年に碧南市は，主な流域を堀川として，建設省(当時)より「アクアトピア」として全国で32番目の指定を受けました。これは，下水道のモデル事業として「姿を消した水生生物を蘇らせ，町の中で子供が水遊びのできる水辺を復活させ住民が憩いを求めて散策するような，住民と清らかな水の結びつきを深めることを目標とした都市づくり」として，重点かつ効率的に下水道整備の促進を図るものでした。

この指定により，水質汚濁の著しい河川，湖沼を解消する「碧南市アクアトピア基本構想」が平成3年に策定されました。その翌年には「碧南市堀川アクアトピア基本計画」を策定し，この中で，失われた水辺の復活，水生生物相の回復，憩いの場の設置など，より良い水辺空間を市民の方々に提供することとなりました。

堀川は，流域146 ha全域を下水道整備区域とし，堀川に流入する生活排水をカットすることで清流を呼び戻すことをめざしました。また，堀川の一部を親水化して市民が水辺に親しめるようにするための施設整備を行うこととました。

そして，これらの整備により，ハゼ，ボラなどの魚や水生植物を取り戻し，市民と清らかな水との結びつきを深めるとともに，下水道の必要性をPRすることも考慮しました。

テラスゾーン

堀川を親水化する整備では「流水ゾーン」，「木立ゾーン」，「公園ゾーン」，「テラスゾーン」の4つのゾーンを設定しました。公園ゾーンやテラスゾーンには「釣りスペース」や「釣りテラス」を設置し，水質浄化により戻ってきたハゼ，ボラなどを釣りながら水と親しむことのできる空間を提供できるようにしました。さらに，テラスゾーンには自然石護岸を配置して，生物の生息・生育場所に配慮しました。

(3) 施策の効果と今後

堀川に直接流れ込む区域は，すでに下水道が整備されて供用開始に至っており，処理人口5 095人，普及率は67.5％［人口ベース，平成11年度末現在］となっています。整備からまだ時間がたっていませんが，河川水質については下水道の供用開始後から，BODが低減しました。

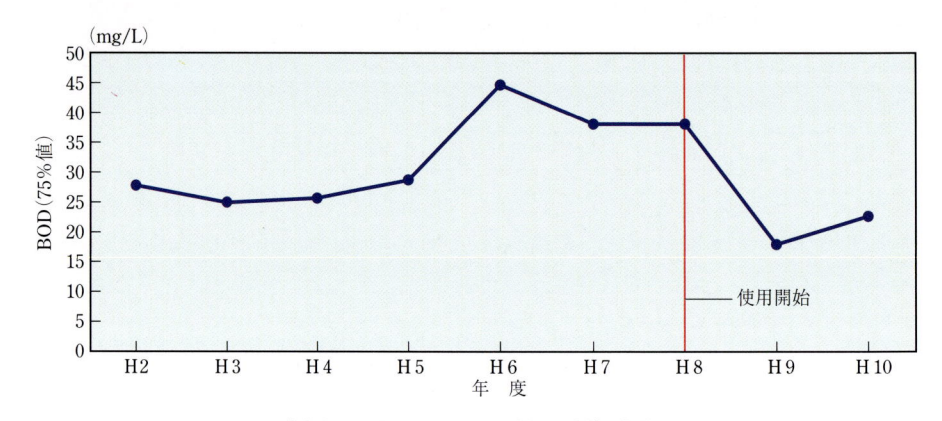

堀川におけるBOD (75％値) の経年変化

一方，親水化整備については，現在までに流水ゾーンが完成し，市民と清らかな水との結びつきが深まったことにより，水の浄化，水の大切さ，都市での水循環の必要性などのPRにつながり，市民の認識も高まりました。また，市民のコミュニケーションの場としても活用されています。

公園ゾーンやテラスゾーン，木立ゾーンは，今後の整備予定ですが，水質の改善効果とあわせて，魚をはじめとした水生生物の生息・生育環境の再生に大きく役立つことが期待されます。

今後は，さらに下水道への接続促進を図り，水質浄化のPRをさらに行っていく必要があり，「下水道普及促進員」による家庭訪問を行って，下水道への接続に力を注いでいます。

(4) 類似事例紹介

春採湖（釧路市）

　北海道釧路市にある春採湖は，「ヒブナ」の生息する湖として昭和12年に国の天然記念物に指定されました。しかし，昭和40年代から湖周辺の宅地化が進行し，湖の水質が急激に悪化しました。

　このような状況に対して，釧路市では昭和57年にアピール下水道「春採湖を守る下水道」の指定を受け，雑排水を古川下水終末処理場（放流先：旧釧路川）で処理するために，地区内の整備を進めました。この整備によって湖への負荷を削減して汚濁を解消し，ヒブナの自然繁殖数の増加および，環境庁湖沼水質ワースト5からの脱却をめざしました。

　また，春採湖の水環境を平成12年までに良好な状態に復活させるために，水環境改善緊急行動計画「清流ルネッサンス21」を策定し，計画に基づく浄化事業を緊急的・重点的に実施しています。

　さらに，春採湖環境保全対策協議会が平成8年度に策定した「第2次春採湖環境保全計画」では，2006年までの春採湖の水質目標として，COD 75％値で5 mg/L以下，全窒素（T-N）1 mg/L以下，全リン（T-P）0.1 mg/L以下となっています。この中では，ヒブナのほか，動植物の生息・生育調査を毎年実施しながら整備を進めていて，処理区域内の下水道未接続家庭への啓発および広報活動も実施しています。

　春採湖は，昭和60年代から平成5年までは，毎年湖沼水質全国ワースト5に名を連ねていましたが，現在の湖水の水質は，COD：7.0 mg/L，T-N：1.1 mg/L，T-P：0.061 mg/L〔平成10年度調査より〕となっていて，平成6年度以降ではワースト5に入っていません。また，ヒブナは生後3～5年の個体が毎年確認され，順調に自然繁殖しています。

春採湖

阿寒湖（阿寒町）

　北海道阿寒町の阿寒湖国立公園の大自然に抱かれた阿寒湖は，モータリゼーションや旅行ブームにより観光客も著しく増加しました。これに伴って湖の水質が悪化し，下水道整備の必要性があげられました。そして，阿寒湖の特別天然記念物「マリモ」を守るために，湖の水質汚濁防止を目的とした整備が昭和50年から始まり，平成2年でほぼ完了しています。

　配慮事項としては，阿寒湖畔下水終末処理場は，湖に対する負荷を削減するために，閉鎖性水域の湖に放流せず，流出河川（阿寒川）へ放流することが可能な地域に建設しました。また，国立公園内のため，処理施設の上屋部分を覆土し，周辺環境との調和を図っています。

　目標としては，湖底の「マリモ」の自然観賞を復活させることをめざしています。

　現在では，水質，透明度とも回復し始めているところです。

阿寒湖畔下水終末処理場

湖底のマリモ

阿寒湖畔下水終末処理場の放流口付近

赤城大沼（富士見村）

群馬県勢多郡富士見村にある赤城大沼周辺は，昭和41年，赤城山頂上へ通じる有料道路が開通し，別荘，保養所などが急激に増加しました。これに伴い，沼の汚濁が進み，昭和50年代前半には湖面に藻やアオコが発生するほどになってしまいました。

この水質悪化の主な要因としては，別荘，旅館などからの生活雑排水の流入があげられました。これに対応して昭和51年に群馬県と富士見村は，大沼の水質改善を目標とした沼周辺の下水道計画を策定し，赤城山大洞処理場を設置しました。

とくに地元住民は，水質の悪化を深刻な問題と強く認識していたため，危機感をもって接していました。これが，高い下水道接続率につながり，平成元年8月に計画処理区域の全戸で下水道の使用が始められました。

現在では，環境庁の全国の湖沼，河川，海域の水質状況全国調査でも第4位にランクされるまでに改善され，ワカサギの孵化率も上昇しています。

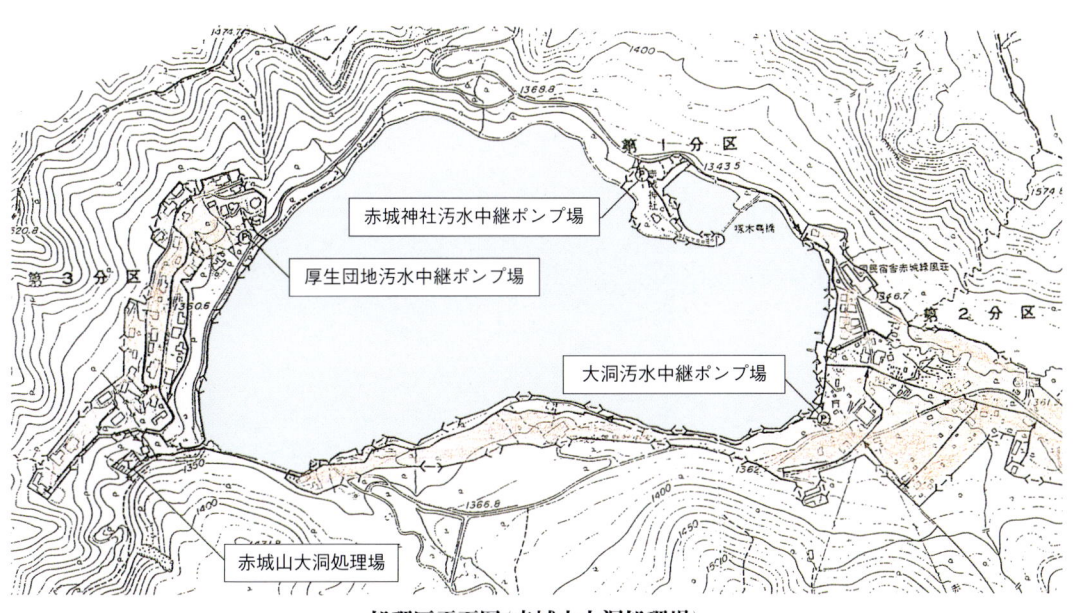

処理区平面図（赤城山大洞処理場）

5.2.2. 処理水を浄化用水として導水し，水域の汚濁を改善し，生息・生育環境を回復させる

都市域の河川・水路は，都市化による雑排水の流入などにより水質が悪化することによって人々から離れた存在になるとともに，生物にとっても生息・生育環境として適さない状況になってきています。

このような河川・水路に対して，下水処理場からの処理水を再利用し，汚濁の進んだ水域への浄化用水として導水する例がみられます。

ここでは，東京都の城南三河川（渋谷川・古川，目黒川，呑川）の清流復活事業を例として，その取組みの経緯をみてみます。

目黒川（東京都城南三河川の清流復活事業）

（1） 汚濁が進み，日々の暮らしから切り離された都市河川

東京都区部の中小河川は，都市化の進展などによる水質悪化が原因となって人とのふれあいを失い，日々の暮らしから遠ざかっていました。

実際に，東京都が実施した調査では，水や水辺とのふれあいについて約5割の人が不満と答え，水辺のイメージとして負のイメージをもっている住民が4割を超えていました。

そして，住民の精神的な安らぎや生活環境に対する要請の高まりを受け，水や緑などを取り込んだ環境の整備が課題となっていました。

導水前の目黒川

しかし，目黒川は，流域が住宅地と商業地の混在する市街地であることから，水辺環境を整備するための水源として近傍の河川水や湧水を期待できません。そこで，都市内の貴重な水源である下水処理場からの高度処理水を導水して清流を復活させ，住民が身近なところで水や緑とふれあうことのできる水辺環境の整備を図ることになりました。

また，この中で目黒川とあわせて「城南三河川」といわれる渋谷川，古川，呑川にも処理水を導水して，同様の水辺環境の整備を行う計画となりました。

(2) 河川にきれいな水と生き物を

城南三河川（渋谷川・古川，目黒川，呑川）の清流復活事業は，東京都の環境局，建設局，下水道局が連携して事業着手に至り，より効果的・効率的な事業推進が図られました。その結果，水質改善のほか，枯渇した水量の復活や処理水の多目的利用，「いこいの水辺」を創出し水に親しめる環境づくりが図れるような工夫，ひいては人々の河川などへの愛着の回復などさまざまな目的のため平成7年から清流の復活を行うことができました。

導水には落合処理場から砂ろ過処理をした高度処理水を紫外線で消毒した後に各河川に放流することで水辺を創出するとともに，災害時における消防用水などに利用できる一定量を確保できるようにしています。

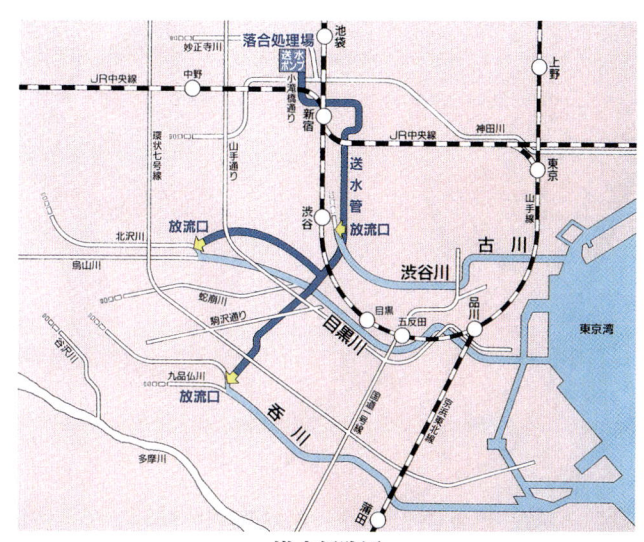

導水経路図

そして事業の構想においては，これらの環境整備によって各河川に修景的な水の流れの形成や公園遊歩道の整備にあわせて，水生動植物の育成が主たる内容としてあげられています。

落合処理場から城南三河川への導水量は，最大 $1\,m^3$/秒とし，目黒川においては，生物の生息・生育条件をも踏まえた維持流量として，最大 $30\,240\,m^3$/日（$0.35\,m^3$/秒）が提案されました。

供給水の水質（平成10年度実績）

BOD(mg/L)	1.0
SS(mg/L)	1.0
T-N(mg/L)	14.0
T-P(mg/L)	1.4

また，呑川においては「セキレイも遊ぶような清流」や「魚の生息機能の確保」などが目標や要請として検討されました。

(3) 施策によって川はどう変化したか

処理水の導水を開始する前後で，河川の水質および流量の変化をみると，

処理水導水後の目黒川

第5章　生態系にやさしい下水道の事例

　処理水の供給によって水の臭気は改善され，流量も大幅に増加しましたが，栄養塩の濃度は上昇し，また，冬季の水温が上昇しました。

　一方，生物については，底生動物からみると導水前にはミミズ類やユスリカなどのきわめて貧弱な群集構成だったものが，導水後にはコカゲロウなども出現するようになり，底生生物の多様性が高くなったという結果が目黒川での調査（下表参照）より得られています。

　また，魚類ではアユをはじめボラやハゼなど，肉眼でも観察できるほどたくさんの魚が遡上するようになり，新聞でも報道されるほどになりました。

目黒川（常盤橋地点）における底生動物出現状況とその変化

導水前	1994年8月25日	1995年2月22日
ミミズ類	2	26
ユスリカ		26
チョウバエ		14
カ		1
総個体数（/25×25 cm²）	3	66

導水後	1995年9月	1996年2月
ウズムシ		3
カワコザラガイ		2
サカマキガイ	12	2
ミミズ類	296	2 920
ヒル	4	
コカゲロウ	45	1
ユスリカ	2 136	8
ヌカカ	1	
チョウバエ		2
カ		
総個体数（/25×25 cm²）	2 494	2 938

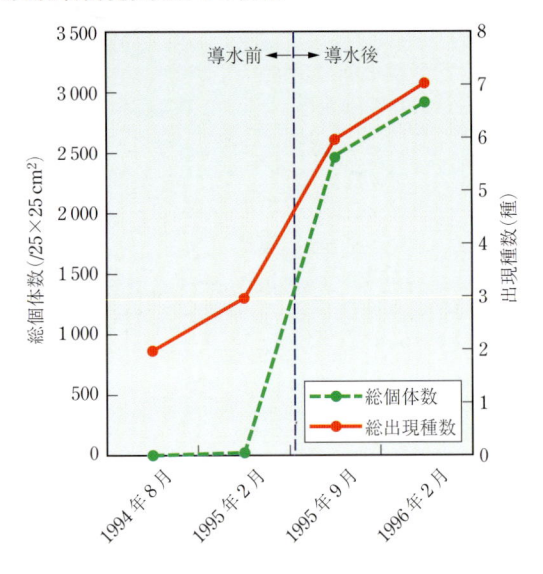

東京都環境科学研究所年報（1996）：
「高度処理水導入後の目黒川の大型底生動物群集」

処理水導入後の目黒川における調査で捕獲された魚（ボラ）

(4) 類似事例紹介

勝竜寺城跡堀のせせらぎ（長岡京市）

　京都府長岡京市では「水に親しむ下水道」をめざし，水質の悪くなった史跡（京都府長岡京市勝竜寺城跡）の堀の浄化に処理水を利用することを計画しました。これは昭和60年に国が新設したアメニティ下水道モデル事業の一環として，長岡京市が大分市・青森市・江別市とともに全国に先がけて最初に指定を受けたものです。

　施策の目的は，城跡公園整備とあわせて，堀に処理水を導水することによって水交換を促進し，水質の浄化を図るとともに，市民の憩いと安らぎの場を提供することです。

　施策の概要は，京都府桂川右岸流域下水道洛西浄化センターで処理した二次処理水をさらに砂ろ過して修景用水に利用し，堀をオープン水路のせせらぎとして再生しています。その導水管は，流域下水道幹線管渠内に「つり下げ工法」により取り付け，布設しました。導水能力は，$2\,500\,\mathrm{m^3/日}$（平成10年度$1\,500\,\mathrm{m^3/日}$），導水管延長は，$2\,350\,\mathrm{m}$（内径$200 \sim 250\,\mathrm{mm}$）です。

　現在，この城跡にちなんで，市民が一体となってガラシャ祭が催されるようになりました。また，堀にはコイやカモなどの生物がすみつき，市民の憩いの場，安らぎの場となっています。

供給水の水質（平成10年度実績）

BOD（mg/L）	2.4
COD（mg/L）	7.2
SS（mg/L）	3.0
T-N（mg/L）	9.4
水温（℃）	19.5

勝竜寺城跡の堀

府内城跡の堀（大分市）

　大分県大分市にある府内城跡の堀では，水質の汚濁によって，植物プランクトンが増殖して透視度が低下したり，魚類の生息に支障をきたすなど，堀の生態系に影響が生じていました。また，この堀が城址公園という文化遺産に関連しているため，堀から発生する悪臭の対策が求められました。

　これらの問題に対応するため，堀の浄化対策は昭和48年より行われていて，その間にさまざまな調査，実験，施策がなされてきました。

　そして，昭和61年から弁天終末処理場内に砂ろ過設備およびオゾン処理設備を建設し，また処理場から堀までの圧送管敷設を行って，高度処理水を堀へ供給することにしました。

　この処理水の導水と，あわせて実施された堀の底泥浚渫によって，堀の水質浄化を行いました。堀の水質目標と現状は次のとおりとなっています。

堀の水質目標と現状

項　目	目　標	現　状
pH	5.8～8.6	7.3
BOD（mg）	10以下	7.5
SS（mg）	10以下	4.8
外観および臭気	不快でない	不快でない
濁度（度）	10以下	4
大腸菌群数	検出されない	検出されない

供給水の水質（平成10年度実績）

BOD（mg/L）	6.3
COD（mg/L）	9.7
SS（mg/L）	2.7
T-N（mg/L）	20
T-P（mg/L）	0.19

府内城跡の堀における処理水導水前後の様子

5.3. 処理水放流の影響を減らし，生息・生育環境を向上させる

　河川などに放流される処理水は，放流先水域の水質とはさまざまな面で異なる性状をもっています。また，大量の処理水が1箇所から供給される際に水理的な変化を及ぼします。このため処理水は，放流先水域において生物の生息・生育環境を改変し，影響を与える場合があります。

　このような影響をできる限り減らすことで，放流先水域の生物の生息・生育環境を向上させようとする事例がみられます。

5.3.1. 放流水の水質を改善し，生息・生育環境を向上させる

　放流水の影響のうち，水質についての影響を減らすための工夫をした事例があります。ここでは，大阪府の渚処理場について取りあげます。

渚処理場（安定池）

（1）放流先河川における要請に対処する

　枚方市にある大阪府淀川左岸流域下水道渚処理場は，計画の際に，上水源でもある淀川の水質保全が重要課題となりました。そこで，完全分流式としたうえで，処理水の放流先を淀川ではなく寝屋川へ放流する計画としました。ただし，そのためには約10kmの放流幹線の設置が必要であり，多大な日時と膨大な事業費を要します。

　一方，渚処理場の早期供用開始に寄せる地元の強い要望もありました。このため，放流幹線の完成までの間，暫定的に淀川水系の黒田川に放流することで関係者との協議が整いました。

　そこで，上水源へ配慮するために，「標準活性汚泥法＋急速砂ろ過＋ばっ気付礫間接触酸化池＋安定池」の高度処理方式を全国で初めて採用しました。

渚処理場全景

（2）生物にやさしい処理水質をめざしながら施設の有効利用も図る

　現在，渚処理場では二次処理した処理水を砂ろ過池とばっ気付礫間接触酸化池を通過させた後に，安定池を通過させることで，放流水質の平準化を図っています。

安定池においては，供用開始当初からコイ，フナ，キンギョを放流して近隣住民に対して親しんでもらえるようにしていましたが，さらに親しんでもらえるようにするために，トンボの生息する環境づくりを進めることになりました。

紫外線消毒施設

このように，安定池に関しては渚処理場見学者の親水施設として利用されることに加えて，生物の生息・生育空間としての機能をもたせていることから，人への安全性と生物への影響の両面に配慮する必要があります。

そこで，安定池の流入部で紫外線消毒を行いました。これにより，見学者などに対する衛生面での安全性を確保しながらも，生物に対する影響も極力小さくしています。

(3) 施策の効果

平成11年までに，処理場内の安定池周辺では33種類のトンボが確認されています。また，枚方市，交野両市の小学生による「トンボの生態観察とヤゴ放流の集い」を処理場見学とあわせて毎年行っていて，トンボ，ヤゴの生態の観察を通して子供たちに生物と水のかかわりの大切さを知ってもらうことにも役立っています。

さらに，トンボの生息環境が確保されたことに加えて，安定池内ではアユやキンギョのほか約13種類の魚が生息するなど，この施策は多くの生物の生息・生育環境に対して効果がみられました。

このように，安定池内で生物にやさしい水質が確保されたことは，放流先河川に対しても，良い影響を与えるものと考えられます。

なお，渚処理場は平成11年度に黒田川への放流を停止し，寝屋川水系の二十箇水路への放流を開始しました。この二十箇水路は農業用水利用が主であり，冬季において極端に水量が減少し水質が悪化する状況にありました。したがって，良好な水質の処理水には，この水路の浄化用水としての役割も期待されます。

安定池の中を泳ぐキンギョやフナ

（4）類似事例紹介

多摩川支流水根沢（奥多摩町）

　東京都西多摩郡奥多摩町は，全域が国立公園内で，東京都において豊かな自然を残す数少ない場所であり，ヤマメ，イワナ，アユなどの渓流魚をはじめ，さまざまな動植物が生息・生育しています。

　このため，奥多摩町小河内浄化センターの建設にあたっては，放流先の多摩川支流水根沢の動植物に影響を与えないように配慮することが求められました。

　そこで，小河内浄化センターでは，放流水質向上のため，オキシデーションディッチ法による窒素除去とPAC注入によるリンの除去を行い，さらに生物膜ろ過法も導入しました。消毒方法には，渓流魚などの水生生物は塩素に弱いことから，残留性のない紫外線消毒を導入することにしました。

　放流水質の向上が水生生物に対する影響の軽減につながることから，計画処理水質以上の放流水質の確保を図ることとしています。

　現在，平成10年の供用開始後間もないことから，効果の詳細は把握できませんが，生物の生息・生育環境の保全に役立つものと期待しています。

放流水質（平成10年度実績）

BOD（mg/L）	1.0
COD（mg/L）	7.0
SS（mg/L）	2.0
T-N（mg/L）	7.0
T-P（mg/L）	1.5

小河内浄化センター

矢作川浄化センター（安定池）

　愛知県西尾市にある矢作川浄化センターの放流先は三河湾ですが，放流先直近は，ノリやアサリの良好な漁場となっています。このため，今後の下水道普及率の向上に伴う放流水量の増加とともに，とくに冬季において処理水による海水温の上昇や局所的な塩分濃度の低下などが漁業に影響を与える可能性が懸念されました。

　この課題に対処するため実験施設として，大気への放熱による放流水温低下を主目的とした安定池4池（水深約1 m，総面積約10 000 m^2）を処理場内に設置し，処理水の一部を流してデータの収集を行っています。この結果，平均で約5℃程度の水温低下効果が得られることがわかりました。

　現在は，同じ安定池を使い，同等の効果を得られる限界処理水量の試験を行うべく，揚水設備の改良を行っているところです。さらに，高度処理として急速ろ過施設を採用し，消毒方法として紫外線消毒も採用しています。

　今後は，さらに効率的な処理水の冷却と紫外線消毒による放流先生物相への効果もあわせて調査していく予定です。

　なお，本書で扱っている河川や水路での事例のほか，この事例は放流先海域に対する配慮をしたものの一例です。また同時に，処理水によって形成される水域の安定池そのものが **5.4** で取りあげる生物の生息・生育空間の創出にもつながることから，生態系へさまざまな形でかかわる施策の例として紹介しました。

放流水質（平成10年度実績）

BOD（mg/L）	ND～3.0
COD（mg/L）	3.5～9.9
SS（mg/L）	ND～1.6
T-N（mg/L）	3.6～11.0
T-P（mg/L）	ND～0.9
水温（℃）	14.6～27.5

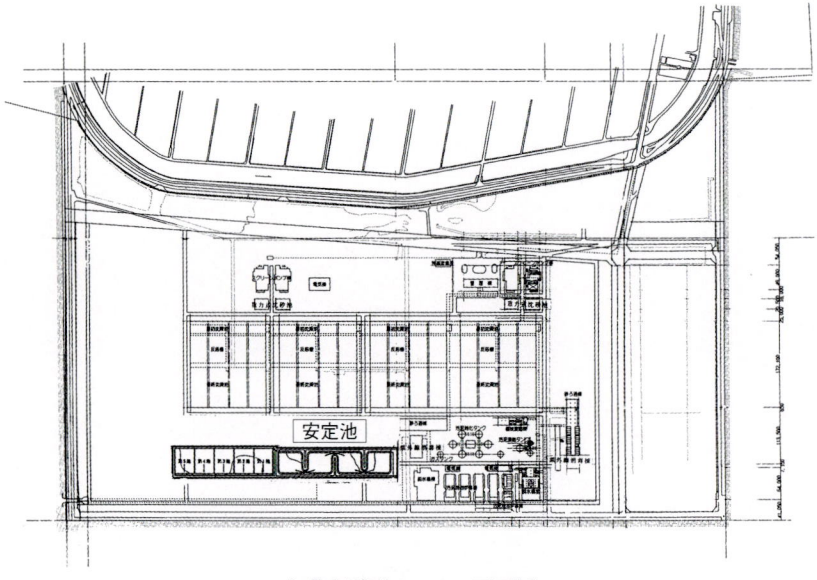

矢作川浄化センター平面図

5.3.2. 放流方法を改善し，生息・生育環境を向上させる

処理水の放流によって，放流水域に局所的に水流や水量などの物理的変化が生じ，生物の生息・生育環境が乱されることがあります。

このような影響を抑え，生物の生息・生育環境を向上させる試みとして，東京都の八王子処理場の例を取りあげます。

八王子処理場（堤外水路）

（1）河川水量に対する処理水比率の増加を考慮する

東京都八王子市にある八王子処理場は，多摩川流域下水道の処理場として平成4年に運転を開始しました。

多摩川では河川水における処理水の占める割合が次第に増加しつつあって，現状で5割程度，全体計画時では8割近くを処理水が占めるという見通しとなっています。そこで，放流水が河川へ及ぼす影響を緩和するために「なじみ放流」としての施策がなされることになりました。

（2）河川敷を活用した影響を削減する工夫（堤外水路）

放流水の影響を緩和するための施策として，放流樋門から多摩川本川流路までの河川敷において，延長350 mほどの堤外水路を設けました。

この水路は，河床構成材料が礫主体で，水路内および両岸には植生が繁茂し，また水路周辺には樹木が存在するなど自然な状態となっています。また，水路末端においても急な落差などがなく，本川と自然な状態で合流しています。

水路の構成は，大きく3つの区間に分かれています。河床の状態は，上流区間はコンクリート，中流区間はブロックと砂礫，下流区間は拳大の礫や小石で早瀬状となっています。

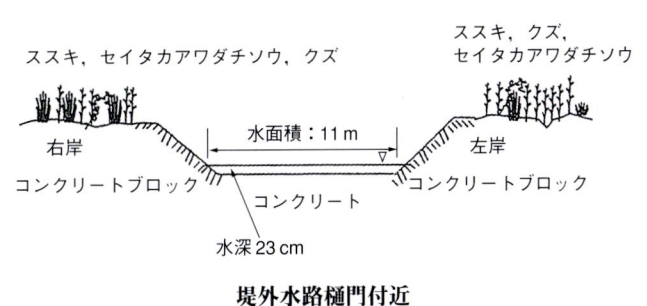

堤外水路樋門付近

また、これらの区間における水深や流速は右表に示すとおりです。

水路の状態

区間名	距離	水深	流速
上流区間	80 m	20 cm 程度	0.3 m/s
中流区間	30 m	30 cm 程度	0.7 m/s
下流区間	240 m	10～50 cm 程度	0.8 m/s

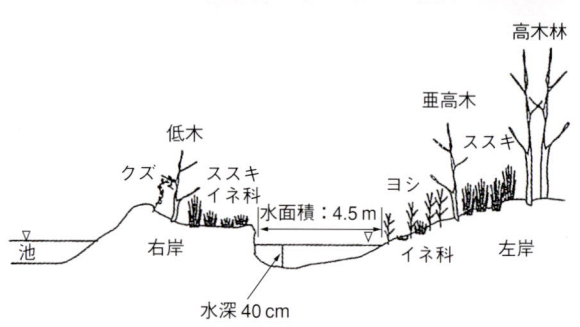

(3) 水路に形成される生態系

調査の結果、この堤外水路には多くの生物の生息・生育が確認されました。水路内の流下に伴う主な生物の出現状況の変化は、次ページのグラフのとおりであり、次のような傾向がみてとれます。

- 底生動物については、確認種数が若干増加した。また、流下に伴って清水性の昆虫であるカゲロウ目が多く出現した。

  ただし、流下の影響だけでなく、調査地点における水路構造の違いの影響も考えられる。

- 魚類については、流下に伴う変化は明確でない。

さらに、水路内において確認された魚類の種が多摩川本川と同様であることから、この水路は、本川との間で生物の移動が妨げられず、自然な状態で合流していると考えられます。

なお、水質調査の結果からは、DOやPO$_4$-Pは流下に従い改善する傾向がみられることがわかりました。

堤外水路220m下流地点

このように、水路は、生物の生息・生育場所になると同時に、水質改善効果をもつなど、生態系に対してさまざまに役立つ施策となっています。

(4) 放流先水域に対する効果

平成11年の調査結果から多摩川本川に対する影響をみるために、処理水が流入する前の地点(St. 7)と流入した後の地点(St. 9)との間で比較します(St.番号は次ページ図を参照)。底生動物では若干の種数が減少していますが、大きな違いはなく、その種構成についても大きな違いはありませんでした。魚類も出現種数、種構成にほとんど違いがありませんでした。

したがって、放流された処理水が生物に与えた影響は大きくないと考えられます。

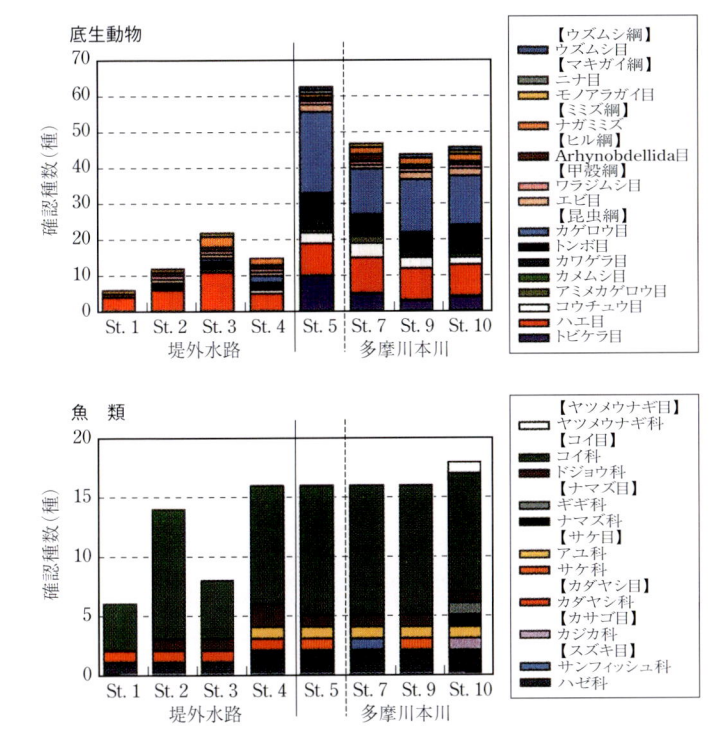

ただし，八王子処理場からの処理水が流入する地点より上流で，多摩川上流処理場からの処理水が流入しており，St.7ではすでに処理水の影響を受けていることから，この堤外水路の効果については，さらに詳細な検討が必要であると思われます。

底生動物

【ウズムシ綱】
　ウズムシ目
【マキガイ綱】
　ニナ目
　モノアラガイ目
【ミミズ綱】
　ナガミミズ
【ヒル綱】
　Arhynobdellida目
【甲殻綱】
　ワラジムシ目
　エビ目
【昆虫綱】
　カゲロウ目
　トンボ目
　カワゲラ目
　カメムシ目
　アミメカゲロウ目
　コウチュウ目
　ハエ目
　トビケラ目

魚類

【ヤツメウナギ目】
　ヤツメウナギ科
【コイ目】
　コイ科
　ドジョウ科
【ナマズ目】
　ギギ科
　ナマズ科
【サケ目】
　アユ科
　サケ科
【カダヤシ目】
　カダヤシ科
【カサゴ目】
　カジカ科
【スズキ目】
　サンフィッシュ科
　ハゼ科

八王子処理場の堤外水路と放流先の多摩川における生物相の変化（底生動物・魚類）

堤外水路上流からSt.1～St.4。また，多摩川本川上流からSt.5, St.7, St.9, St.10の順でSt.7とSt.9の間で，堤外水路との合流部がある。また，St.5とSt.7の間に多摩川上流処理場からの放流口がある

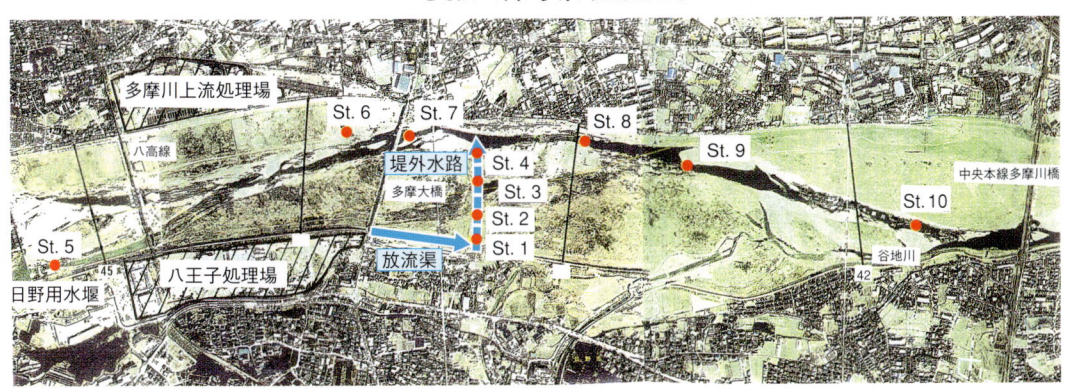

地点NO.	地 点 名	
St.1	八王子処理場の堤外水路	堤外水路始点
St.2		コンクリート区間の終点
St.3		自然区間中間地点(150m地点)
St.4		堤外水路の終点
St.5	多摩川本川(処理水流入前)	日野用水堰下流
St.6	多摩川上流処理場の排水路	
St.7	多摩川本川(多摩川上流処理水流入後)	多摩大橋地点
St.8	多摩川本川(多摩川上流・八王子処理水流入後)	八王子処理場処理水合流後①
St.9		八王子処理場処理水合流後②
St.10		谷地川合流点上流

生物調査地点位置図

5.4. 生物の生息・生育空間を創り出す

　治水上の必要性のためにコンクリートで固められたり暗渠化されるなど，都市域における中小河川から自然の水辺が失われています。これに伴って，魚や水中で幼生期を過ごす昆虫などの生息場所も奪われています。

　そこで，これらの生物の失われた生息・生育空間を，別の場所に代替地として新たに創り出し，新たな生態系を形成する試みがみられます。

5.4.1. 自然が失われた都市域に新たな生息・生育空間を創り出す

　ここでは，神奈川県横須賀市の追浜浄化センターにおけるビオトープ設置の事例について，その過程をみます。

追浜浄化センター（トンボの王国）

（1）都市域において失われていく生物の居場所

　横須賀市は，東京や横浜などの通勤圏であるため，かつて水田や畑であった農地の宅地化や，丘陵の開発などの都市化によって自然環境が急速に失われました。さらに，農地の宅地化によって存在意義をなくした溜め池が，埋め立てられるなどしたため，水辺環境も著しく少なくなってきました。

　このように自然環境が大きく失われていく現在，処理水を再利用した水辺空間を追浜浄化センター内に創ることとしました。追浜浄化センターは，工業地帯の中にありますが，浄化センターの北側に貝山緑地が隣接しており，飛来・定着するトンボなどの生物の採餌・休息に重要な役割となる樹林がある最適な条件でした。そこで，市街地の中に，「水と緑のある憩いの場」を提供し，従来どこでもみられたトンボやメダカが生息する場を整備することになりました。

　これは，自然環境の保全の一助とすることとともに，広く市民に下水道の理解を深めてもらうことを目的としています。

（2）生物の居場所を取り戻す方法

　平成6年に，追浜浄化センターで処理水を再利用した水辺空間の創出を検討しました。対象とする生物は，処理水および浄化センターの周辺環境を考えて，トンボが最適であろうとのことから，職員が素堀りのトンボ実験池（水深30 cm程度，4池，計948 m^2）を完成させました。そこに二次処理

素堀りのトンボ実験池

水を通水し，横須賀市に残っていた水生生物を移すとともに，学校のプールからヤゴを移入した結果，多くのトンボを羽化させることができました。

そこで，このトンボ実験池をさらに発展させて「トンボの王国」を整備し，下水道を広く市民にアピールする拠点としました。なお，水辺空間を創出するにあたっては，水生生物の専門家のアドバイスを受け，以下の整備方針により整備を行いました。

[生物の視点]

① 水辺環境は，開放的な水面(池)と閉鎖的な水面(流路)が全体として一つの湿性環境となるようにする。また，視覚的にも自然な水辺として認識されるようにする。

② 水辺周辺には，多くの種類の落葉樹(花の咲くもの，実のなるもの)を中心に植栽することにより，トンボの休息場所としてだけでなく，野鳥なども増えることを期待する。

③ 植樹配置は，水辺の周囲に日陰ができるようにし，夏場の水温上昇を防止する。

④ 植栽する樹木は，横須賀市内にある在来種に限定し，また移入する動物も三浦半島に生息するものにする。

⑤ 池や流路の中には，トンボの産卵や羽化に欠かせない水生植物を植え，水生植物の栄養分である窒素，リンの除去効果にも期待する。

⑥ 生物が生活しやすいように，よどみをつけたり，隠れ場所としての石なども配慮する。

⑦ 水辺の護岸には，土羽であるが木杭や石組みなどのいろいろなタイプの護岸を配置する。

[構造，その他]

整 備 面 積：約 $3\,800\,m^2$
主 な 工 種：流路および池築造，植栽，園路，給排水施設，修景施設，礫間ばっ気槽
再利用水量：最大 200 L/分（砂ろ過＋紫外線消毒）
水 辺 構 造：
　処理水の吐出し部
　　生物の生息に必要なDOを増やす。処理水であることから水温を下げる。この条件を満たすため，階段状の落差を設けた石組みとして，空気にさらすようにした。
　流　路
　　水深5 cm程度で，流速10〜30 cm/秒と設定した。

瀬や淵をつけるため一様断面としていない。

ところどころに落差を設けて，流れを視覚的にとらえられるようにした。

池

水深は10～30 cm程度とした。

流路や池の下流部には，堰を設けて水深の調整ができるようにしている。

池の上流端には，バイパス管を設置している。

礫間ばっ気槽

さらなる水質の向上をめざして設置した。

計画処理水量は，将来における砂ろ過増設を加味して，400 L/分（24 m³/時），滞留時間3時間で設定している。

実容量

幅2.8 m×高さ1.45 m×長さ12 m×2池

容量：約97 m³

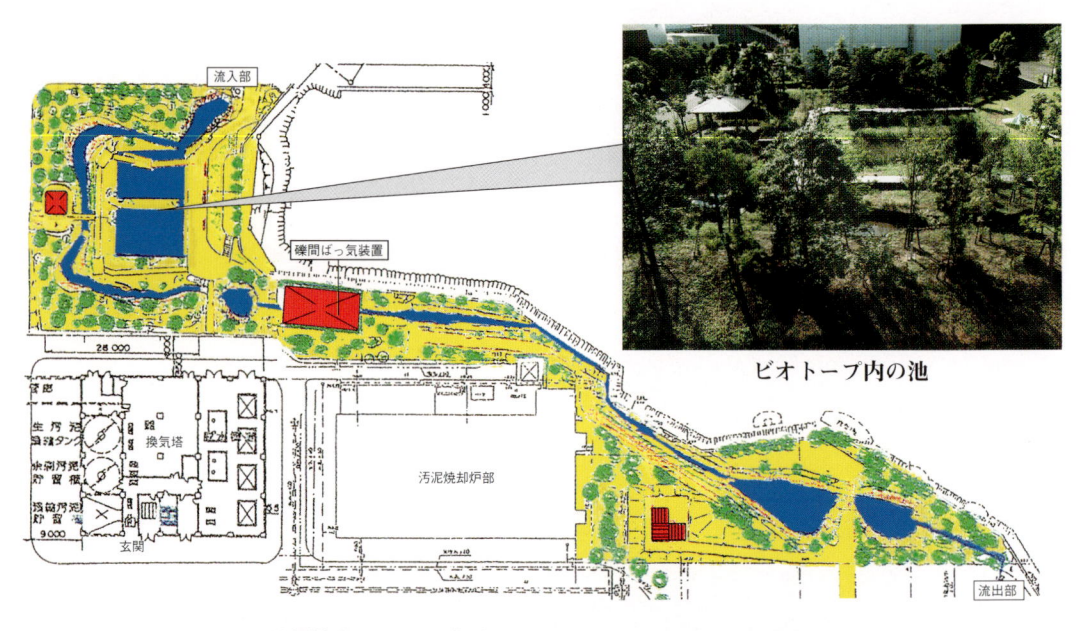

ビオトープ内の池

追浜浄化センター内ビオトープ（トンボの王国）平面図

（3）生物の誘致，導入

「トンボの王国」は創出された水域であるため，整備後，市内に残っている水域からの植物を移植しました。また魚類については，池を通ってきた処理水を再度礫間ばっ気により水質を向上させてから供給している水路に，横須賀市

ビオトープ（トンボの王国）水質測定結果

（平成11年度平均値）

	トンボの王国入口	礫間ばっ気装置入口	礫間ばっ気装置出口	トンボの王国出口
BOD(mg/L)	5.8	3.7	1.7	1.7
SS(mg/L)	1.5	13.9	0.7	3.4
DO(mg/L)	6.4	9.1	8.9	8.3
水温(℃)	23.1	19.9	19.4	18.0

の河川から採取したフナ，モツゴ，ヨシノボリ，ヌマエビなどを放流しました。

メダカについては，三浦半島では在来種が絶滅状態でしたが，神奈川県内水面試験場で飼育されていた三浦半島産のメダカを導入することができました。

昆虫類については，隣接する緑地帯や池からの移動に期待しました。また，トンボについては，学校のプールからヤゴを捕獲し放流しました。

（4）工夫の効果とこれからの展開

「トンボの王国」では，移入した生物は定着しつつあり，さらに移入していない生物も移動してきて，多くの水生生物が生息するようになりました。このように，都市空間における生物の生息・生育場所としての重要な役割を担っています。

毎年，夏休みには地元住民と力をあわせてイベントを開催し，子供たちと水辺の生物とのふれあいの場として好評を得ています。また，イベント以外でも平日朝8時30分から17時まで施設の開放を行っていて多くの来場者があり，市民に対する自然環境教育の場としての役割も大きくなっています。

今後は，周辺の緑地とネットワークを形成し，「トンボの王国」を水生生物の生育拠点にしたいと考えています。

しかし，「トンボの王国」では，処理水を使用しているため藻類の発生が著しく，水路の有効断面積を狭め水生生物の生息空間を圧迫しており，定期的な清掃が必要になっています。また，池の底の堆積物がヘドロになり生物が移動すると舞い上がる状態で，これも除去しています。

基本的には自然にゆだね，推移を観察することとしていましたが，繁殖力の強いザリガニやコイなどがいつの間にか放され，優占種になってしまったため，捕獲などの管理も必要になっています。

これらの維持管理や水辺環境の機能強化を検討することのほかに，イベントや施設などの運営を地域住民とどのように共同で行うことができるかが，今後の課題となります。

イベント風景

現在の追浜浄化センター内ビオトープ

(5) 類似事例紹介

川俣処理場内（スカイランド）

　大阪府東大阪市にある寝屋川南部流域下水道の川俣処理場周辺は，住宅，工場などが混在した緑の少ない区域であり，市民が憩うことができる緑の空間が望まれていました。そこで，処理場施設の上部空間を緑地整備し「スカイランド」として開放することになりました。

　施策としては，処理水を有効利用したせせらぎ水路と池を設け，市街地に水生生物の生息・生育空間を創ることとしました。また，夏場の病原性大腸菌O-157の問題についても配慮しました。

　そのため，高度処理として急速砂ろ過を採用し，消毒方式としては次亜塩素酸ナトリウムを用いて，スカイランド水辺の広場のせせらぎへ安定した水の供給を行っています。

　現在では，広い緑地と水辺が創出されたため，多くのトンボ，セミ，アメンボなどが生息しています。また，野鳥（カルガモ，ムクドリ，セキレイなど）が多く観察できるなど，多様な生物が水辺にみられるようになってきています。

供給水の水質（平成10年度実績）

BOD（mg/L）	7.2
SS（mg/L）	5
T-N（mg/L）	11
T-P（mg/L）	0.95
水温（℃）	22.0

川俣処理場「スカイランド」水の広場

玉津処理場（神戸市）（水車とせせらぎの散歩道）

　兵庫県神戸市にある玉津処理場では，市民に憩いの場を提供するとともに，下水道と水環境とのかかわりを理解してもらうために，処理場を通る三面張りコンクリートの排水路をせせらぎ水路として再生するとともに，処理水を再利用したビオトープを創り，潤いのある水辺空間を創出しました。

　ここでは，排水路に以前から生息していた小動物（メダカ，カメ，ドジョウなど）をビオトープに移しました。さらに，ホタルの復活を期待して，カワニナの生息しやすい水路を設置しました。

　ビオトープの造成には，工事の残土や廃材などリサイクル品を利用しました。また，施設のアクセントとして手作り水車を設置し，水車による発電も試みています。

　また，水路やビオトープへ供給する水として高度処理（砂ろ過）水を利用することで，水生生物などの繁殖に効果が期待されます。

　現在では，せせらぎ水路沿いの道は，通勤や通学のルートとして，あるいは市民の散歩道として利用されており，身近な水辺空間として親しまれています。

水路諸元

せせらぎ水路(m)	220
ビオトープ(m²)	2 700，池：150
ほたる育成水路(m)	50
水深(m)	池：0.7，水路：0.1
水量(m³/日)	1 000
施設	展望施設2ヵ所，水車

供給水の水質（平成11年度実績）

BOD(mg/L)	2.5
COD(mg/L)	11.0
SS(mg/L)	<1
T-N(mg/L)	12.0
T-P(mg/L)	1.5

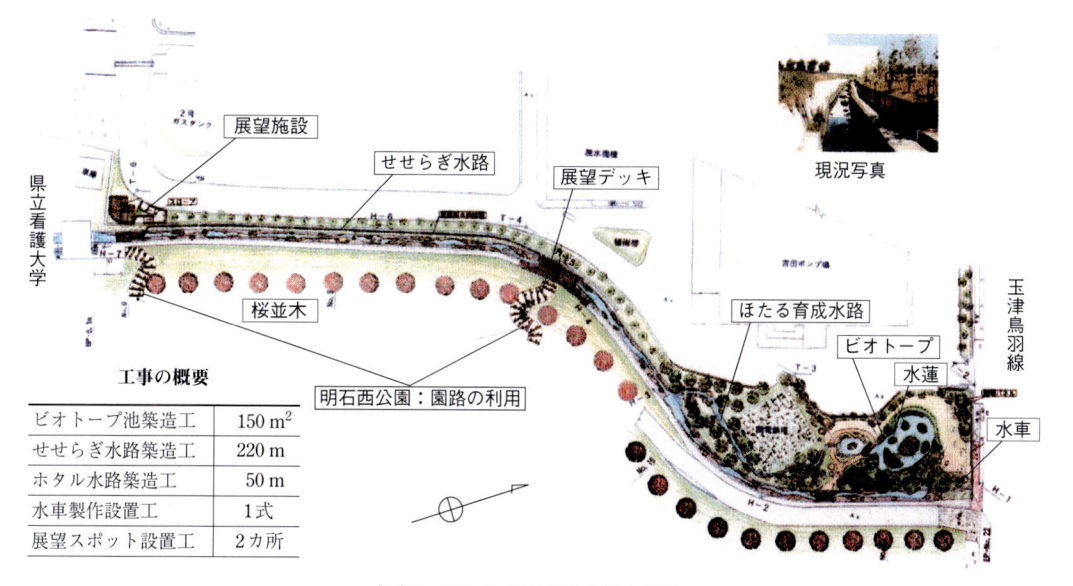

工事の概要

ビオトープ池築造工	150 m²
せせらぎ水路築造工	220 m
ホタル水路築造工	50 m
水車製作設置工	1式
展望スポット設置工	2ヵ所

水車とせせらぎの散歩道平面図

5.5. シンボルとなる生物の生息・生育環境を守る

　生物の生息・生育環境への配慮を考える際，水域の生態系における生物全体をとらえる視点が必要となります。しかし，意識の向上や取組みのきっかけとして，生態系の中の特定の生物に着目した配慮がなされていることもあります。このような場合に対象となる生物は，水産資源などの経済的な価値をもつ生物や貴重な生物，または地域に固有な生物が考えられます。

　しかし，これらの生物も，単独で生息・生育することはできず，さまざまな生物とのかかわりの中で生存するものです。したがって，特定の生物を守るということは，多様な水生生物間の関係，ひいては生態系全体を守っていくことにほかならず，最終的には生態系全体に配慮することにつながります。

5.5.1. 放流水質を改善し，水産資源の生息・生育環境を守る

　水産資源の生息・生育環境を守ることが一つの視点である事例として，仙台市の「広瀬川浄化センター」の取組みについて，その経緯をみます。

広瀬川の清流（仙台市）
(1) 市民に愛される清流を守る

　仙台市を流れる広瀬川はアユが泳ぎ，カジカガエルが生息するなど動植物の種類が豊かで，地形も変化に富んでおり，恵まれた自然環境を形成している川として，市民が強い愛着や関心を抱いています。また，大都市の中を流れる清流として全国的にも知られています。

　仙台市では，昭和49年，この広瀬川の優れた自然環境を保全するために，『広瀬川の清流を守る条例』を定めています。この条例では，都市開発などによる不用意な破壊から自然環境を守り，次代に継承することを基本理念として，環境保全区域と水質保全区域の指定を行うこととしています。そして，広瀬川清流保全審議会において検討を重ね，昭和51年に環境・水質保全区域を公

広瀬川の清流とアユ釣り

アユ

示し，区域内における行為の制限などを盛り込んだ条例施行規則を公布しました。

広瀬川浄化センターは，広瀬川の優れた自然環境を守るための都市環境の整備，とくに下水道整備の一環として建設されたものです。ただし，広瀬川に流入する支川の綱木川に処理水を放流するため，条例で定める保全区域のうち，水質保全区域としての規制を受けることになります。

(2) アユの生息を目標にした処理レベルを求めて

施行規則における水質管理基準の考え方としては，広瀬川本川はもちろん，本川の水質に影響を及ぼす支川をも含めた広い範囲を対象としてアユが生息できる水質を条件とし，区域内における水質がすべての地点で基準を満足できることをねらいとしています。

これにより，広瀬川浄化センターの放流水質は，『水質汚濁防止法』のほか，条例による次の基準を満たすことが必要となります。

1) 全有機炭素（total organic carbon：TOC）：河川のすべての地点で TOC 3 mg/L 以下を満足する処理水にすること
2) 残留塩素：0.1 mg/L 以下であること
3) 外　　観：広瀬川の水を著しく変化させるような色または濁りがないこと
4) 温　　度：広瀬川の水温を著しく変化させるような排水温度でないこと
5) 臭　　気：広瀬川の水に著しい臭気を帯びさせるような排出水でないこと

以上の基準に加えて，下流に生息・生育する動植物への影響を少なくすることを目的として，次のような処理方法，消毒方法にしました。

- 高度処理：二段式嫌気・好気活性汚泥法，砂ろ過法

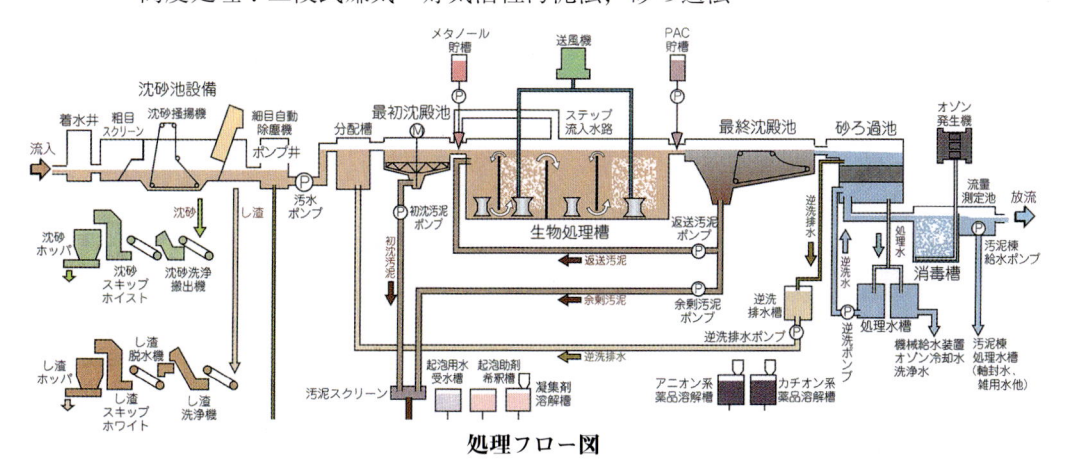

処理フロー図

- 消毒方法：オゾン接触法

放流水質（平成10年度実績）

BOD (mg/L)	1.2
SS (mg/L)	0.5未満
T-N (mg/L)	3.7
T-P (mg/L)	0.7

（3）施策の成果と今後

平成8年に綱木川の放流口前後（放流口から約60m上流，放流口，放流口から約30m下流地点）で行われた底生動物調査の多様性指数の結果を右図に示します。放流口地点と下流地点の多様性指数の値は，上流地点以上に保たれていて，綱木川における生物多様性に対する処理水の影響は小さく，むしろ多様性を増加させる方向へ影響していることがわかりました。

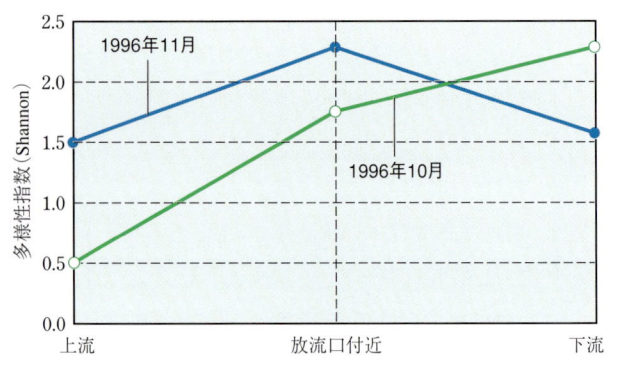

綱木川の底生動物相からみた多様性指数

吉村千洋（1997）：「オゾン殺菌された下水処理水が河川底生動物相に与える影響」（一部改変）

放流先である広瀬川は，多面的に利水されており，夏場の渇水期には一部では流量が非常に少なくなります。その場合には広瀬川浄化センターの放流水は，河川の貴重な水源の一つにもなっています。上流で取水し利用した水を海に放流するのではなく，浄化して河川の中流に戻すことは，河川生態系を豊かにする点からも大事なことです。

また，市民の意識調査の結果でも「清流の保全および生態系の保全効果」に高い評価が与えられています。

また，浄化センターに隣接した公園に，オゾン消毒処理水を修景用水として有効利用しており，ここでも新たな生物の生息・生育空間の創出に役立っています。公園は周辺の学校生徒や幼稚園児の遊び場や憩いの場として利用されており，親水性の自然環境づくりとしても大いに貢献しています。

今後の課題としては，繁茂した水草や藻類の活用や，ホタルが自生するような，より多様な生態系を支える環境整備などがあげられます。

浄化センターに隣接する公園内の処理水を利用した修景池

5.5.2. 放流水質の改善や生息・生育場所の整備により，特徴的な生物の生息・生育環境を守る

　生息または生育していることが清らかな水のシンボルとなるような生物や，各地に特有の生物を守ることで，住民や訪れる人の意識を高め，生態系の保全につなげることを目的とした事例がみられます。

　ここでは，佐賀県小城郡小城町にある小城町清水浄化センターの例を取りあげ，その施策の過程をみます。

清水川（ホタルの里）（小城町）

（1）今も残るホタルの里

　処理水の放流先である清水川や合流先である祇園川は「ホタルの里」として有名です。そして，小城源氏ぼたる保存会を結成してホタルの里づくりのためにホタルが繁殖できる環境を整備するなど，町をあげてホタルの保存に取り組んできています。

　また，小城町周辺は県立公園に指定されていて，多くの自然が残されている地域です。そして，清水川は上流に西日本随一の名滝といわれる清水の滝があり，環境庁の「名水百選」にも指定されている清流です。このような豊かな自然によって観光客が集まり，地元住民のホタルをはじめとする自然に対する思いも強いものがあり，その保全に力を入れています。

　一方，近年になって人口や観光客数の増加などにより清水川へ流入する排水が増大し，川に糸状藻類が繁茂するなど汚濁の進行が急速に進む状況になっていました。

　そこで，周辺の排水を下水道によって処理す

ゲンジボタル

名水百選の清水川

ることで，川への汚濁流入を防ぎ，清らかさを取り戻すとともに，ホタルやその餌となるカワニナなどの生息環境を守ることをめざすことになりました。

清水浄化センター全景

(2) ホタルの生息環境へ影響を与えないために

　清水浄化センターでは，処理方式としてオキシデーションディッチ法を採用しました。また，消毒方法としては塩素消毒法が考えられましたが，残留塩素によるホタルや水生生物に対する影響が懸念されました。そこで，予想される残留塩素濃度を計算した結果，0.11 mg/Lとなり，目標とした0.03 mg/Lを超えることがわかりました。

　そのため，残留性がなく放流先の水生生物にやさしいとされる紫外線消毒法を採用しました。

紫外線消毒装置外観

(3) 生態系とともにあるホタル

　浄化センターは平成11年2月から供用が開始され，平成11年12月現在の水洗化率は60％となっています。その結果，清水川の水質は次ページ上表のように変化し

てきており，供用開始後間もないにもかかわらず河川の水質が改善されてきたことがうかがえます。

このような水質浄化の結果，排水路から川に流れ込む所では，それまで繁茂していた糸状藻類が減少し，みた目にも清潔感が増しました。

さらに，汚濁が進んでいた時期には極端に数が少なくなっていたフナやハヤなどの魚類も再び姿をみせるようになりました。とくに，ホタルの幼虫の餌となるカワニナは汚濁に弱い生物ですが，水質の向上によって数が増え，ホタルの乱舞が例年よりも早くみられるようになりました。

なお処理施設は，最適な運転管理によって，処理水のBOD値を設計値以上の良好な状態に保っており，紫外線消毒とあわせて，清らかさの戻った清水川に対する放流水の影響を小さく抑えることに成功しています。

清水川における下水道整備の効果は住民の目にも明らかであり，また紫外線消毒をはじめとする積極的なホタルなどの生物に対する配慮が，住民の協力につながっています。そして今では町全体への下水道整備を求める声が大きくなってきています。

清水川上流地点水質調査結果

	平成11年8月（接続開始前）	平成11年12月（接続開始後）
BOD（mg/L）	1.4	<0.5
SS（mg/L）	7	2
DO（mg/L）	8.6	11.4

放流水質（平成11年度実績）

BOD（mg/L）	2.7
SS（mg/L）	2
T-N（mg/L）	1.0
T-P（mg/L）	0.4
水温（℃）	19

清水川現状（浄化センター放流口下流）

5.6. 環境教育の場を提供する

5.6.1. 処理水を用いて整備した環境で生物とふれあい，環境への意識を啓発する

　生物とふれあう場を設けることで，下水道の役割の重要性をPRするだけでなく，水環境や生態系全体に対する意識を高めてもらうことを目的として，処理水を用いて生物の生息・生育環境の整備を行った事例がみられます。

　ここでは，神戸市の垂水建設事務所水環境センターにおける市民に対する環境教育の場を提供する取組みについて紹介します。

垂水水環境センター（ビオトープ）

（1）環境に対する市民の関心の高まり

　今日，環境問題に対する市民の意識が高まってきていますが，都市域に生活する市民にとって自然や生物とのふれあいの場は少なく，そのような機会を求める要望が大きくなっています。

　神戸市では「ビオトープネットワーク21計画」を策定してビオトープの整備を積極的に展開しており，現在，地元企業の工場や市内の小学校などにおいて取組みがなされてきています。このような経緯の中で，下水道においても市民に環境問題や下水道の仕組みについて関心をもってもらうために，市民の参加によって，垂水水環境センターの処理場用地を有効利用して，市民に開かれた憩いの場を設けることを計画しました。

　ここでは，自然な環境で生物が生息・生育できるように配慮し，それを観察できるようなビオトープを創出することとしました。そしてとくに生物とのふれあいをもつ場所として，処理水を利用する池を整備し，環境教育の場として提供することになりました。

（2）地域の生き物を考えた整備を手づくりで

　ビオトープの整備における方向性としては以下の点を考えました。

① 水生昆虫（トンボ類，コオイムシ，ゲンゴロウなど）や陸上昆虫（チョウ，バッタなど），魚類（メダカやフナなど），野鳥（カモやサギなど）をはじめさまざまな生き物が生息し，繁殖する多様な環境を創出する。

② 樹木や水生植物の中で花の美しいものをできるだけ導入して，観賞的にも楽しめるようにする。

③ 自然環境の学習の場としての機能を盛り込むとともに，今後近隣の小学校などとの連携も視野に入れて整備を行う。

④　完成型ではなく，少しずつ自然に近づくような基盤づくりとしての整備を行う。
　⑤　処理水はこれだけきれいであることを知ってもらうような施設にする。

　これらのことを意識してビオトープを市民の参加と建設局職員による直営手づくりで行いました。ビオトープの概略構成は次のとおりです。

＜ビオトープ１＞
　　　　面　積：約 2 500 m² (うち水面約 500 m²)
　　　　テーマ：人と生き物が深く結びついた人里の水辺環境を再現した区域
　　　　構　成：流れ (小川)
　　　　　　　　池 (性格の異なる 3 つの池で水深約 55 cm 程度の浅い池)
　　　　　　　　湿地 (水深 0〜5 cm の環境)
　　　　　　　　草地，樹林地 (昆虫や野鳥の繁殖地，獲物の捕獲地，また防風や遮光など環境調整林)
　　　　　　　　小島，浮島

＜ビオトープ２＞
　　　　面　積：約 4 800 m² (うち水面約 1 400 m²)
　　　　テーマ：人が立ち入らない，手を加えない生物の聖域的な自然の区域
　　　　構　成：野鳥の池
　　　　　　　　トンボの池
　　　　　　　　小島
　　　　　　　　ヨシ原，自然林

住民も参加したビオトープ整備

ビオトープ１平面図 (構成と主な植栽)

　これらの整備によって，垂水水環境センターにおけるビオトープは次のような特徴をもつこととなりました。
　　①　人里の水辺環境，生き物の聖域などの多様な自然環境の創出 (この地域の原風景的環境，ただし，真冬でも 15 ℃以上の水温で栄養塩の多い処理水による特殊な環境)
　　②　地域の動植物を移入 (遺伝子の攪乱をできるだけ防ぐ)
　　③　地域の貴重植物 (絶滅危惧種など) の保護と育成 (遺伝子バンクとしての役割)

④　専門家や自然愛好家の協力と，できる限り出所が明確な生き物の導入

また，この整備には市電の敷石や処理場機械の廃材などのリサイクル品，土木工事による移植樹などを積極的に使用しました。

ビオトープの水は垂水水環境センターからの二次処理水を砂ろ過したものを日量280 m^{3}供給して使用することとしました。

(3) 市民の反響

このビオトープは，平成10年から市民の憩いの場として利用されています。

また，極力自然に近い形で整備したうえで水生生物などの繁殖を期待して，その生態を観察できる環境教育の場として提供することにより，長期にわたって市民とともに「自然」を育んでいきたいと考えています。

さらに，学識者を交えた市民環境大学や水環境学校，水環境フェアなどを継続的に開催しており，毎回多くの参加希望者が集まっています。そして，参加した人たちからはビオトープや環境，下水道などについての意見が積極的に出されるなど，下水道や身近な環境に対する市民の関心も高まっています。

環境大学の市民の様子

供給水の水質（平成10年度実績）

BOD(mg/L)	3.7
SS(mg/L)	2
T-N(mg/L)	12.9
T-P(mg/L)	1.1

なお，平成11年3月のかいぼり（池の底さらい）では，アサザやコウホネなどの水生植物22種，トンボやゲンゴロウなどの水生昆虫9種，メダカやドジョウなどの魚類12種のほか，貝類や甲殻類など多様な生物が観察されました。

(4) 今後の展開

このビオトープの役割として，水環境教育の場としてさらに活用していくとともに，成長変化していく中でビオトープのモデルとして位置づけられるようにしていくこと，水環境の情報発信基地，種の遺伝子バンクなどの役割をもたせることも考えています。

今後の展開における課題としては，

- ビオトープの管理方法と管理技術の確立
- 広報や啓発などのソフト面と住民参加の展開
- 生物のモニタリング
- アメリカザリガニやブラックバス，カダヤシなどの外来種の放流防止と除去

という点があり，これらを中心に取り組んでいく計画です。

ビオトープの現状

6 おわりに

　今日，社会全体で生態系の大切さについての認識が深まってきています。しかし，下水道としての生態系に対する考え方と取組みについては，今まで整理されていませんでした。本書は「生態系にやさしい下水道をめざして」として現時点での考え方や事例をまとめたものです。ここで紹介した事例をみても，それぞれの自治体でさまざまな工夫がなされており，生物に対する意識は高まりつつあることがうかがえます。しかし，生態系の範囲は幅広く，生態系全体に配慮が行き届くような施策は今後の課題となっています。まさに，これから「めざして」いく目標としての「生態系」といえます。

　このような背景のもと，国土交通省土木研究所を中心に平成8年から始まっていた放流水と生物相の関係などを検討してきた調査会を拡充する形で，平成12年から「生態系との共生をはかる下水道のあり方検討会」という研究グループを組織し，生態系に配慮するという視点を下水道整備に取り込む際のさまざまな問題点などについて議論を行うと同時に，多くの生態系を専門とする学識者の方々のご意見をうかがいながら，下水道としてはどのように考えていくべきなのかなどをまとめています。

　この検討会は現在，国土交通省都市・地域整備局下水道部と国土交通省土木研究所，また自治体から東京都，愛知県，大阪府，兵庫県，岡山県，札幌市，仙台市，横浜市，横須賀市，北九州市がメンバーとなり，(財)下水道新技術推進機構を事務局とした構成で進められています。この検討会では，下水道において，生態系に配慮するという視点から考えた時の処理レベルや処理方法，施設の計画・設計・管理などの指針を作成することが，将来的な目標です。

　しかし，基礎的な知見が不十分なこともあり，たとえば処理水の水質や水量と放流先における生物との関連が，明確に把握できていないのが実状です。また，本書で扱った処理水の放流・再利用先は河川や湖沼などの陸水域だけですが，今後は海域なども含めた影響について考えていかなくてはなりません。

　現在は，これらの検討を行うための基礎データを集めているところで，今後より多くの自治体から現地における調査や既存データの提供についてご協力をいただきながら，下水道に生態系に配慮するという視点を取り込んでいく際の参考となる手引き書を作成したいと考えています。

　なお，"はじめに"で述べたように，本書の中で示した考え方などは現時点で試みとしてまとめたものであり，今後，学術的な知識や技術の発展，社会情勢の動きなどによってさらに改訂していくものです。また，事例についても，本書では対象としなかった取組みや，今後新たに実施予定の取組みなどに参考となる部分があると考えられ，生態系

への配慮を検討する際には，さまざまな考え方や事例についての情報を，適宜把握していくことが重要です。

　本書をお読みになった方々が，これを機会に生態系への興味を増し，それぞれの立場において生物，そして生態系に配慮するという視点をさらに意識してくださる一助となれば幸いです。

＜参考資料＞

生態系にやさしい下水道をめざした事例リスト

　建設省(当時)が平成11年7月および平成12年1月に行ったアンケート調査の結果を参考に，本書の内容に適合する事例を抽出して整理を行ったものです。

　「水質改善」，「生態系配慮」の両方を目的とした取組みを抽出の基準としました。整理にあたっては，**5章**の表(38ページ)で示した再生・創出についての分類に従いました。なお，「水産資源，特徴となる生物」や「環境教育」についての取組みは，再生・創出の手法で分類される事例の一部でもあります。そこで，これらに対応する事例については，次頁以降の表において丸印を付し，それぞれの取組みがわかるようにしました。

　また，ここで取りあげた事例が，下水道において実施されている生態系の保全を目的とした施策のすべてではないことをご了承ください。

参考資料

手法		都道府県名	事業者	処理場名	施策の対象水域または放流先水域	対象生物 生物全般	対象生物 水産資源	特徴的な生物
再生	より良い環境へ川を再整備し、水の流れを回復させる	北海道	札幌市	創成川処理場	安春川	○		
		神奈川県	横浜市	神奈川下水処理場	入江川せせらぎ	○		
		神奈川県	横浜市	都筑下水処理場	江川せせらぎ	○		
		富山県	新湊市	神通川左岸浄化センター	堀岡雨水幹線せせらぎ			コイ
		岐阜県	岐阜県	各務原浄化センター	木曽川高水敷	○		トンボ, メダカ, カモ
		大阪府	大阪市	平野下水処理場	親水河川(今川, 駒川, 細江川)	○		
		大阪府	豊中市	猪名川流域原田処理場	新豊島川親水水路			ホタル
		熊本県	長洲町	長洲町浄化センター	浦川第三雨水幹線親水広場			キンギョ, コイ
	現在の環境をそのままに、水の流れを回復させる	東京都	東京都	多摩川上流処理場	野火止用水, 玉川上水, 千川上水	○		
	下水道の整備により流入する汚濁を削減し、生息・生育環境を回復させる	北海道	阿寒町	阿寒湖畔下水終末処理場	阿寒湖			マリモ
		北海道	釧路市	古川下水終末処理場	春採湖	○		ヒブナ
		青森県	青森県	十和田湖浄化センター	十和田湖			ヒメマス
		宮城県	中新田町	中新田浄化センター	鳴瀬川	○	○	アユ
		山形県	天童市	天童市下水道管理センター	倉津川(アクアトピア)	○	○	アユ
		栃木県	鹿沼市	黒川終末処理場	千手雨水幹線せせらぎ水路			ホタル
		群馬県	月夜野町	奥利根水質浄化センター	利根川			ホタル・カワニナ
		群馬県	榛名町	榛名湖水質浄化センター	榛名川			ホタル
		群馬県	富士見村	赤城山大洞処理場	沼尾川		○	ワカサギ
		愛知県	碧南市	衣浦東部浄化センター	堀川(アクアトピア)	○		ハゼ, ボラ
		高知県	安芸市	安芸市浄化センター	江の川			コイ
	処理水を浄化用水として導水し、水域の汚濁を改善し生息・生育環境を回復させる	東京都	東京都	落合処理場	渋谷川, 目黒川, 呑川	○		
		京都府	長岡京市	洛西浄化センター	史跡の城跡堀			コイ, カモ
		大分県	大分市	大分市弁天終末処理場	史跡の城跡堀	○		魚類
	放流水の水質を改善し、生息・生育環境を向上させる	秋田県	八森町	八森町下水道浄化センター	鹿の浦川		○	ハタハタ, ホンダワラ
		宮城県	仙台市	広瀬川浄化センター	網木川	○	○	アユ
		新潟県	山北町	黒川俣浄化センター	場内せせらぎ, 大毎川	○		魚, ホタル
		東京都	奥多摩町	奥多摩町小河内浄化センター	水根川	○	○	ヤマメ, イワナ, アユ
		愛知県	愛知県	矢作川浄化センター	安定池		○	ノリ養殖
		愛知県	豊田市	鞍ヶ池浄化センター	池田川	○		シラハエ, ホタル
		大阪府	大阪府	渚処理場	安定池	○		ショウブ, トンボ, コイ, フナ

環境教育	処理水質改善策 高度処理など	消毒方法	背景・目的	概　要
	砂ろ過		宅地化に伴い水の枯渇した川に，せせらぎを回復させる	親水性護岸，植栽，遊歩道などの安らぎのある水辺空間を創出した。流雪溝を整備し，四季を通じた環境整備を図った
	砂ろ過	オゾン	水の枯渇した入江川を親水性豊かな水辺に回復させる	植生ロールを設け，植物の生育や水生動物の生育環境を確保した。また，水質を親水用水レベルに高め導水している
	嫌気硝化脱窒，砂ろ過	オゾン	自然空間の減少が顕著になり，水辺環境の回復を図る	水処理施設を改造し，放流水質を親水用水レベルまで高め，せせらぎへの導水を図った
			雨水幹線の改修工事にあわせ水辺景観を整備する	雨水幹線の上部をせせらぎ水路とした。また，水路周辺を整備し，住民の憩える場を創出した
○			処理水と合流する都市排水の汚濁の影響を軽減する	処理水の一部を分水した。法面に植生環境を確保した。導入生物の生息環境を確保するため，止水部を設けた
	砂ろ過		都市化に伴って潅漑用河川が水枯れし，環境が悪化した	処理水を導入し「せせらぎ」を復活。遊歩道・木橋を設置するなど河川環境の整備を図り，自然とふれあう空間を提供する
	砂ろ過	オゾン	都市水路などを埋め立ててきたが，水辺環境への要求が高まってきた	雨水幹線の上部に「せせらぎ」と親水緑道を設けた。途中にホタルの里を設置し，定着を図った
			水が枯れ，荒れた状態の水路周辺地域の活性化対策が図られた	処理水を再利用し，水辺景観の創造と親水性の増進を図った。地域住民が自然に親しむ空間とした。
	砂ろ過，PAC	オゾン	水の枯渇した中小河川などに身近に親しめる清流を復活させる	水環境に影響がないように，PACオゾン施設による水質向上に努めている。さまざまな水生生物が観察されるようになった
			水質が悪化し，マリモを守るために汚濁防止が求められた	汚水の排除とともに，処理水を湖ではなく河川へ放流。施設の上屋部分を覆土し周辺環境との調和を図った
			湖沼水質全国ワースト5に毎年入る春採湖の状況を改善する	動植物の生息調査を実施した。湖沼水質ワースト5からの脱却を果たした。天然記念物のヒブナも順調に自然繁殖している
			水質が悪化したため，汚濁負荷削減が求められた	放流渠を国立公園外に設置した。湖の水質基準を満たし，ヒメマスをはじめとして生態系保護を目標にしている
○			天然アユの豊富な鳴瀬川が，都市化によって水質悪化が進行した	下水道整備に着手し，浄化の推進を図るため淡水魚飼育水槽の展示などで，下水道の意義と自然の大切さをアピールする
			河川に生活排水が流入し，魚もすめない状態であった	下水道を整備し水質の改善がなされ，アクアトピアの指定を受けた。また魚巣を設置し，魚を放流した
			浸水解消を図り，ホタルの舞い飛ぶ自然を蘇らせる	せせらぎ水路は水遊びができるような水辺と，蛍の生息できる環境を作った
			家庭雑排水の流入による河川水質の悪化で，ホタルが減少した	下水道を整備し水質改善に努めた。また，カワニナが生息しやすいように河川環境整備を進めた
			カエルやホタルが見られなくなり，水質浄化が求められた	下水道が供用開始され，ホタルの生息数が年々増えている
			周辺の開発により沼の水質が著しく悪化した	平成元年8月より，下水道が供用開始，水質が改善されワカサギのふ化率も上昇。水質状況全国調査第4位となった
			都市化とともに河川がヘドロ化し，環境整備が求められた	下水道整備によって良好な水辺空間を提供し，魚などの水生生物の復活を目標としている
			人口集中などで，水質汚濁が進行し，環境保全の要望が高まった	下水道によって，清流を復活させることが目標。コイがみられるようになり，イベントも盛況であった
	砂ろ過		河川の流量減少，水質悪化が進み，暮らしから遠ざかっていた	下水道事業単独でなく，親水環境づくりなどの河川事業と連携し効果的な事業推進が図られた。魚がみられるようになった
	砂ろ過		都市化により悪化した史跡の堀を浄化し，憩いの場を提供する	処理水を堀に送水し，水交換を促進して浄化を図った。魚やカモなどがみられるようになった
	砂ろ過	オゾン	堀の水質悪化から生態系に支障が生じ，浄化対策を図る	悪臭対策を基本に砂ろ過およびオゾン処理を導入した。処理水の送水によって水質目標は達成されている
		紫外線	放流先海域に好漁場があり，水質保全が求められた	放流先はハタハタの漁場で産卵場となる海藻の繁殖地でもあるため塩素消毒をやめ，紫外線消毒法を採用した
	嫌気好気，砂ろ過	オゾン	アユのすむ清流を守る条例規制のため高度処理が必要となった	残留塩素排出濃度の条件を守るため，オゾン消毒を採用した。処理水は隣接した公園の修景用水に利用している
	礫間浄化		水道水源の上流にあるため，処理水の負荷の軽減が必要となった	魚類の観察などができる場内修景水路を整備した。また，同水路の礫間浄化効果により，低負荷処理水を放流する
	生物膜ろ過，PAC	紫外線	国立公園内のため，処理水質・消毒方法に配慮が必要であった	オキシデーションディッチ法による窒素除去と，PAC注入によるリンの除去。紫外線消毒を導入した
	酸化池	紫外線	処理水と放流先の水温差による，漁業への影響が懸念された	処理水の水温差を低下させるため，酸化池4池と植生浄化施設5池を実験的に設置した
	高速ろ過装置	紫外線	国定公園内の鞍ヶ池で宅地化などにより水質の悪化が進んだ	下水道整備による水質改善を図った。周辺環境と生物への影響を考慮し，放流水の消毒に紫外線処理を導入した
	砂ろ過，ばっ気付礫間接触	紫外線	放流先が上水源のため，放流水質の考慮が必要であった	放流水質の安定化のため安定池を設置し，住民に親しんでもらうため，稚アユ，ヤゴなどの放流を行っている

手法		都道府県名	事業者	処理場名	施策の対象または放流先水域	対象生物		特徴的な生物
						生物全般	水産資源	
再生	放流水の水質を改善し，生息・生育環境を向上させる	兵庫県	浜坂町	浜坂浄化センター	岸田川	○	○	サケ，アユ
		佐賀県	小城町	小城町清水浄化センター	清水川	○		ホタル
		福岡県	福岡県	多々良川浄化センター	多々良川	○	○	シロウオ
		熊本県	熊本県	球磨川上流浄化センター	球磨川	○	○	アユ，ヤマメ，モクズガニなど
	放流方法を改善し，生息・生育環境を向上させる	東京都	東京都	八王子処理場	多摩川	○		
		長野県	波田町	リヴァイブ波田	犀川	○		
創出	自然が失われた都市域に新たな生息・生育空間を創り出す	宮城県	鶯沢町	鶯沢浄化センター	公園内池	○		コイなど
		宮城県	迫川広域公共下水道組合	佐沼環境浄化センター	公園内池	○		鳥（ハクチョウ）
		栃木県	鹿沼市	黒川終末処理場	公園内せせらぎ（ホタル公園）			ホタル
		埼玉県	埼玉県	荒川終末処理場	場内ビオトープ（トンボ池）	○		トンボ
		埼玉県	埼玉県	古利根川処理センター	場内飼育施設（ホタル舎）			ホタル
		千葉県	千葉県	花見川終末処理場	場内飼育池			トンボ
		神奈川県	横須賀市	追浜浄化センター	場内ビオトープ（トンボの王国）	○		トンボ，メダカ
		神奈川県	横須賀市	下町浄化センター	場内ビオトープ（トンボ池）	○		トンボ，メダカ
		静岡県	静岡市	中島下水処理場	場内ビオトープ	○		
		長野県	朝日村	ピュアラインあさひ	場内せせらぎ，池			ガマ，ハナショウブ，メダカ，コイ，ホタル
		長野県	伊那市	伊那浄化センター	場内せせらぎ			ホタル，トンボ
		富山県	黒部市	黒部浄化センター	公園内せせらぎ			ホタル，トンボ
		愛知県	蒲郡市	蒲郡市下水道浄化センター	場内水路，池	○		トンボ，ザリガニ
		愛知県	東栄町	東栄浄化センター	場内せせらぎ，池			ホタル
		岐阜県	土岐市	土岐市下水道浄化センター	場内飼育池			ホタル
		大阪府	大阪府	大井処理場	公園内せせらぎ	○		メダカ，グッピー
		大阪府	大阪府	川俣処理場	場内せせらぎ，池	○		トンボ，セミ，野鳥
		大阪府	大阪市	大野下水処理場	場内せせらぎ，安定池	○		メダカ，ウメ
		大阪府	大阪市	中浜下水処理場	場内せせらぎ，安定池			サクラ
		大阪府	大阪市	平野下水処理場	場内飼育施設（ホタル舎）			ホタル，カワニナ
		大阪府	大阪市	放出下水処理場	場内せせらぎ，安定池			ハクモクレン
		兵庫県	神戸市	玉津処理場	場内ビオトープ，せせらぎ	○		メダカ，カメ，ドジョウ，カワニナ，
		兵庫県	神戸市	垂水建設事務所水環境センター	場内ビオトープ	○		トチカガミ，オニバス，アサザ，メダカ
		兵庫県	神戸市	ポートアイランド処理場	ポートアイランド中央緑地せせらぎ	○		コイ，ソウギョ，カメ，スイレン，野鳥

環境教育	処理水質改善策		背景・目的	概　要
	高度処理など	消毒方法		
		紫外線	残留塩素による、サケの稚魚などの水生生物への影響が懸念された	消毒法を再検討し、水生生物への影響のない紫外線消毒法を採用した
		紫外線	残留塩素による、ホタルなどの水生生物への影響が懸念された	消毒法を検討し、水生生物への影響のない紫外線消毒法を採用した
	硝化促進,凝集剤,砂ろ過	紫外線	シロウオの遡上が確認され、放流水質の向上が求められた	処理方式を硝化促進型活性汚泥法、凝集剤添加、砂ろ過とし、また紫外線消毒を導入した。シロウオの産卵量も上昇している
		紫外線	放流先がアユなどの稚魚放流点で、消毒法の考慮が必要になった	アユ、ヤマメ、モクズガニ、テナガエビなどの水生生物に負荷を与えないように消毒法に紫外線消毒法を採用した
	自然浄化		河川水に占める処理水の割合が増加し、放流の影響を緩和する	放流口から本川までの河川敷に水路をつくり、自然の浄化作用を図った。水路にも多くの生物が生息するようになった
	自然浄化		梓川の良好な自然環境を保全するため水質浄化が求められた	放流部付近の環境条件を活用した水路をつくり自然浄化させて放流する。発泡、色、臭気などの問題は発生していない
○			豊かで住み良い環境での水質保全の大切さを認識してもらう	処理水を公園池に導水し再利用している。池の魚などに負荷を与えないよう放流水の安定化を図っている
			自然・水とのふれあいから快適で個性ある地域づくりをすすめる	施設見学によって、水環境を守り多くの動植物の成育を支えている下水道への住民の理解を深めてもらうようにした
			下水道を理解してもらい、処理場周辺の環境整備を図る	処理場敷地内に公園を造り、処理水を利用し養殖しているホタルを放虫し、憩いの場を創出した
			従来の自然を再生し、処理水の信頼性をアピールする	ビオトープを創り、処理水を利用した親水の場として提供し、下水道のイメージアップを図った
			ホタルの飼育から、下水道の必要性を示すために計画した	ホタルを処理水で飼育する事により水質浄化をアピールし、下水道についての一層の理解と協力を求めた
	砂ろ過	オゾン	生物生息環境をつくり、処理水の清浄性と安全性をPRする	処理水の清浄性を直に感じてもらうため、極力自然に近い形の「トンボ池」を整備し、自然にふれあう空間を提供した
○	植生浄化		失われた自然空間を処理水利用の水辺空間によって創出する	処理水を再利用したビオトープを創造し、市民に水質保全の重要性を認識してもらい、処理場のイメージアップを図った
○			緑の拠点として、また絶滅危惧種メダカなどの保全を図る	浄化センター内に処理水を再利用した修景施設を建設し、メダカやトンボなどの保全と市民の憩いの場を提供した
			下水道の普及促進のため、住民の理解を深めたい	処理場内の一角に、自然条件をそのまま活かしたビオトープを創り下水道のPRに貢献している
○			場内で放流水の状況をみてもらい、下水道を理解してもらう	放流水の一部を場内のせせらぎ水路や池に流し地域の植物や魚などの動物を観察できるようにした
			処理場と市庁舎を併設し、周辺環境に配慮した整備を行った	二つの施設を核に水生生物が生息できるせせらぎ水路などを設置し、住民の憩える水辺空間を提供した
	砂ろ過	オゾン	水にこだわるふるさと造りで、環境保全が求められた	公園と一体でせせらぎなどを整備し、水と親しみ憩える場とした。多くの水生生物が定着し、市民にも認知されている
			人と生物が共存する環境を創る処理場のイメージアップを図る	手作りのトンボ池の周りに多くの生物が生息し、ビオトープとして機能している。施設見学でも人気がある
○	木炭浄化		公共水域の水質保持と、自然環境保護教育の場として活用を図る	処理場と周辺を水循環をテーマに一体的に整備した。高度処理水をせせらぎや池に導入し、水生生物の生息環境を創った
	窒素・リン除去		ホタルを飼育し、目に見える形で下水道の有効性をアピールする	窒素・リン除去した処理水でホタルを飼育している。イベントを催し、自然とふれあう空間を提供している
○	砂ろ過		下水道資源の有効利用及び敷地、施設屋上の空間活用を図る	空間整備を行い高度処理水をせせらぎ用水として活用し、住民に提供することで、環境教育や自然体験の場とした
	砂ろ過		周辺地域に緑が少なく、緑の空間が求められていた	処理場上部空間を緑地整備し、せせらぎ水路、池などの水生生物の生息空間を作った
	高速繊維ろ過		都市域の貴重な水資源である処理水を有効に利用する	安定池周辺を緑化整備し、市民の下水道へ理解を深め、自然と触れあう空間を提供した
	嫌気好気,砂ろ過		都市域の貴重な水資源である処理水を、有効に利用する	高度処理水を滝〜池〜瀬〜淵という自然な水の流れに活用し、自然と触れあえる、潤いの空間を設け住民に提供している
	砂ろ過		市民からの提案により、ホタルの飼育などに処理水の活用を図る	高度処理水を利用し、ホタル・カワニナを飼育。自然とのふれあいの空間を設け、市民に提供している
	嫌気好気		都市域の貴重な水資源である処理水を、有効に利用する	処理水を修景施設やせせらぎなどの用水に活用し、滝や池などのある自然とふれあう潤いの空間を設け、住民に提供している
	砂ろ過		市民に潤いの場所を与え、下水道への理解を深めてもらう	排水路をせせらぎとして再生し、水生生物の繁殖を目指してビオトープを創出した。散歩道としても利用されている
○	砂ろ過		空き空間を活用すると共に、市民の下水道への理解を求める	リサイクル品を活用した手作りのビオトープは、環境学習や憩いの場として市民に利用されている
	砂ろ過		埋め立て造成した海上都市に市民の憩いの場を創出する	処理場の高度処理水を利用し、せせらぎを創出して水生生物の生息を図った。また災害時には消防用水などに利用している

＜用語説明＞

生態系： 一つの生物だけでなく，周りの多くの生物や環境も含めて互いに関係しあっている状態のこと。

保全： 生態系の機能について，維持あるいはその回復などを図ること。
本書では保護，復元，再生が該当するものとする。

保護： 生態系を外的干渉・破壊から守り，その機能を維持し，荒廃しないように良好な状態に保つこと。

復元： 主に自然の回復力に期待し，また必要に応じて元の状態を意識しながら，その状態に近づけるように管理を行い，かつてその場所に存在した生態系が回復し，機能を存続できるようにすること。

再生： 生態系が人為的または自然災害などによる改変で失われた場合に，元の環境にできるだけ近い生息・生育空間を回復させること。
本書では元あった水路の回復などが該当する。

創出： 復元あるいは再生すべき生態系が乏しい場所に，自然的条件に照らして手を加えることにより，地域に応じた新たな生息・生育空間を創り出すこと。

多様性： ある地域に存在する，生物の種類や群集または環境要因によって構成される系の複雑さ。生物多様性については，生物多様性条約における定義で「すべての生物（陸上生態系，海洋その他の水界生態系，これらが複合した生態系，その他生息または生育の場のいかんを問わない）の間の変異性をいうものとし，種内の多様性，種間の多様性および生態系の多様性を含む」とされている。

多様性指数： ある地域における生物種間の多様性を定量化し数値化するために，構成する生物の種類数および個体数などの情報からさまざまな「多様性指数」の考え方が提示されている。多く使われている方法はShannonの多様性指数であるが，ほかにもSimpsonによって提唱されたものをはじめ，Hurlbert，McIntoshによるものなどがある。

ハビタット： 生物が個体群を維持していくために必要な生息・生育環境を示す。構成する生物全体の環境を示すビオトープに対して，ハビタットは，より小さい（または個別の）構成生物を中心とした生存環境を指す。

ビオトープ： 「生物相で特徴づけられる野生生物の生活環境（場所・空間）」と定義される。したがって，本来は「ごく狭い場所に人為的に創り出された生息・生育環境」だけを指すものではない。
本書の中では，下水道でかかわることのできる範囲での取組みについて述べていることから，野生生物の生息・生育する環境の一構成要素として考えられ創出された試みについて"ビオトープ"という言葉を限定して用いている。

せせらぎ： せせらぎ水路。本書の中では，主に処理水を水源として人工的に整備した水路を指す言葉として用いている。

瀬と淵： 河川を構成する形態的要素であり，河道内を流れる水の動きにより形成される（次ページの図参照）。瀬では主に付着藻類や底生動物が生息し，淵は魚類の休息の場となっていて，水生生物の重要な生息・生育場所である。

平面図

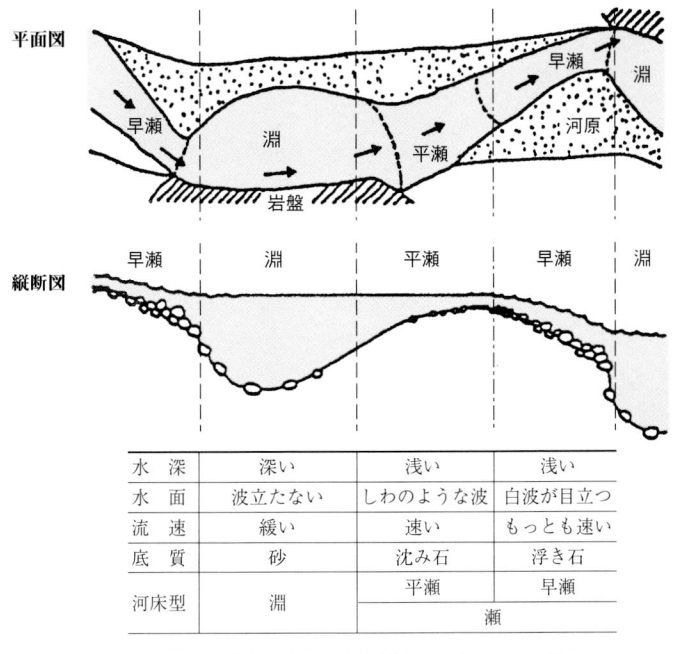

早瀬　淵　早瀬　淵
　　　　　　　　河原
早瀬　　淵　　　平瀬
　　　　　　岩盤

縦断図

早瀬　淵　平瀬　早瀬　淵

水　深	深い	浅い	浅い
水　面	波立たない	しわのような波	白波が目立つ
流　速	緩い	速い	もっとも速い
底　質	砂	沈み石	浮き石
河床型	淵	平瀬	早瀬
		瀬	

淵・平瀬・早瀬の模式図とそれぞれの特徴

玉井信行他編(1993):「河川生態環境工学」,東京大学出版会

ワンド：　河道内にある池状の水域。洪水などによる水位状況により,本川との接続状況が変化する。生物にとっては洪水時の避難場所や仔稚魚などの生育場所となる。タナゴのように,こういった氾濫原的な環境に生息を依存する生物種も多い。

ウェットランド：　直訳では,湿った柔らかい土壌の地帯であるが,ラムサール条約でいうウェットランドの意味は,日本語の湿地という言葉から連想される範囲を超えており,条約の第一条で以下のように定義されている。

　「人工的なもの,一時的なものであっても,また水が流れているか否かを問わず,らに淡水であるか塩水であるか汽水(淡水と塩水が混じりあった水)であるかにかかわらず,沼沢地,湿原,泥炭地または湖,河川などの水域をいい,低潮時における水深が6メートルを超えない海域を含める。」

マングローブ：　満潮になると海水が満ちる場所に生えている植物たちをまとめて「マングローブ」と呼び,オヒルギ,メヒルギ,ヤエヤマヒルギ,ヒルギモドキ,ヒルギダマシ,マヤプシキなど,世界中ではヤシやシダの仲間も合わせると100種類以上の熱帯,亜熱帯にはえる木本植物がマングローブを構成する。海岸,河口,入江など干満の影響を受ける海岸地帯に生育する特殊な植生であり,マングローブ林は,単に植生域としてだけではなく,エビ・カニや多くの水生動物の生息地となっている。

植生ロール：　ビオトープなどで人工的に生態環境を創出する際に用いる植栽基材。主にヤシなどの繊維材をロール状に丸めたもの。水際などに設置し,抽水植物などの生育場所となるほか,護岸の基盤にもなる。

なじみ放流：　処理水が河川や海などの水域に流入する前に,水質を自然浄化させる,水温を自然の状態に馴らす,流入の物理的衝撃を抑えるなどによって,放流先の生態系に配慮した処理水の放流形態。

方策としては，処理水を貯留池や水路に導いたり，地下に浸透させたりするなど，さまざまな手法がある。

これらの内容については，(財)河川環境管理財団の河川環境総合研究所資料第2号「下水処理水の"なじみ易い"放流のためのアイデア事例集」，(1998)が参考となる。

デトリタス： 生物体の破片・死骸・排泄物やそれらの分解産物を指す。陸上・水中を問わずあらゆる場所に広くかつ多く存在しており，細菌などの微生物活動の場ともなっており，食物連鎖の中でも重要な位置を占める。

有機汚濁： 有機物質による水域の汚濁。すべての物質は有機物質または無機物質に分類されるが，このうち有機物質とは炭素化合物 [一酸化炭素（CO）と二酸化炭素（CO_2）を除く] の総称である。工場排水，生活排水に含まれている汚濁物質のうち多くを占めるものが有機汚濁物質である。

富栄養化： 水域での生物の繁殖が活発になる現象を一般に富栄養化といい，この現象は淡水，海水を問わず水中の栄養塩（窒素，リンなど）の流入増加により起こるとされている。富栄養化自体は，水産業などにとって生産力が増加するなど好影響を与える面もあるが，実際には水質が不安定となり，海域では赤潮の発生による魚介類の斃死や，湖沼ではアオコの発生や水の着臭原因となることもある。

微量化学物質： 人間活動によって生産され環境中に放出された化学物質のうち，水中などにおける存在濃度が低い物質の総称。主に重金属や農薬，界面活性剤などがあげられ，近年問題になっている環境ホルモンなども含まれる。

NPO法： 平成10(1998)年に成立した『特定非営利活動促進法』を指す。福祉，環境，国際協力など様々な分野におけるボランティアをはじめとした社会貢献活動を行う"民間の非営利団体"に対して，法人格を取得する道を開くもの。これによって，これらの団体が銀行口座を開設したり，事務所を借りたりするなどの法律行為を行う場合の不都合を解消し，その活動の健全な発展を促進することを目的としている。

＜参考文献＞

2. 生態系とその現状

- R. B. プリマック，小堀洋美，「保全生物学のすすめ—生物多様性保全のためのニューサイエンス」，文一総合出版，(1997)
- E. P. オダム 原著 三島次郎 訳，「生態学の基礎(上)」，培風館，(1974)
- 小倉紀雄，「第四回生態系との共生をはかる下水道のあり方検討会特別講演資料」，生態系との共生をはかる下水道のあり方検討会，(2000)
- 河川事業環境影響評価研究会，「ダム事業における環境影響評価の考え方」，(1999)
- 神奈川県環境部環境政策課 編，「自然にやさしい技術100事例」，(1994)
- (財)日本生態系協会 編，「環境を守る最新知識(ビオトープネットワーク—自然生態系の仕組みとその守り方—)」，信山社サイテック，(1998)
- (財)リバーフロント整備センター 編，「まちと水辺に豊かな自然をⅡ—多自然型川づくりを考える」，山海堂，(1992)
- 桜井善雄，「生きものの水辺—水辺の環境学3」，新日本出版社，(1998)
- 桜井善雄，「第三回生態系との共生をはかる下水道のあり方検討会特別講演資料」，生態系との共生をはかる下水道のあり方検討会，(2000)
- 杉山恵一，「ビオトープの生きものシリーズ① 昆虫ビオトープ」，信山社サイテック，(1993)
- 玉井信行 他 編，「河川生態環境工学—魚類生態と河川計画」，東京大学出版会，(1993)
- 谷田一三，「第二回生態系との共生をはかる下水道のあり方検討会特別講演資料」，生態系との共生をはかる下水道のあり方検討会，(2000)
- 沼田真 監修，「河川の生態学」，築地書館，(1993)
- 水野寿彦，「池沼の生態学—生態学研究シリーズ1」，築地書館，(1971)
- 森下郁子，「川の話をしながら」，創樹社，(1999)
- 森下郁子，森下依理子，「川と湖の博物館8—共生の自然学」，山海堂，(1997)
- 森下郁子，「第一回生態系との共生をはかる下水道のあり方検討会特別講演資料」，生態系との共生をはかる下水道のあり方検討会，(2000)

3. 水環境の変遷と生態系—その中で下水道は—

- 環境庁水質保全局 編，「これからの水環境のあり方」，大蔵省印刷局，(1995)
- 建設省都市局下水道部 監修，「日本の下水道」，(社)日本下水道協会，(1996)
- 桜井善雄 他監修，「都市の中に生きた水辺を」，信山社出版，(1996)
- 鈴木賢英，「環境生物学への招待—地球生物圏と人間—」，文化書房博文社，(1996)
- 千葉県水質保全研究所，「手賀沼の汚濁と生態系—千葉県水質保全研究所資料第29号」，(1981)
- 津田松苗，「水質汚濁の生態学」，公害対策技術同友会，(1972)

4. 下水道における生態系に対する視点

- 都市計画中央審議会答申，「今後の下水道の整備と管理は、いかにあるべきか」，(1995)
- 下水道懇談会報告，「水循環における下水道はいかにあるべきか」，(1998)
- 下水道政策研究委員会，「下水道政策研究委員会中間報告」，(2000)

＜写真および資料提供一覧＞

3．水環境の変遷と生態系―その中で下水道は―
　　桜井善雄／東京都／札幌市／(株)環境調査技術研究所

4．下水道における生態系に対する視点
　　建設省都市局下水道部(当時)

5．生態系にやさしい下水道の事例
　　建設省都市局下水道部(当時)／建設省土木研究所(当時)／愛知県／大阪府／東京都／小城町
　　(佐賀県)／神戸市／札幌市／仙台市／横須賀市／横浜市

生態系にやさしい下水道をめざして		定価はカバーに表示してあります。
2001年3月26日　1版1刷発行		ISBN 4-7655-3175-9 C3051

編　者	生態系との共生をはかる 下水道のあり方検討会	
発行者	長　　祥　　隆	
発行所	技報堂出版株式会社	

日本書籍出版協会会員	〒102-0075	東京都千代田区三番町8-7 （第25興和ビル）
自然科学書協会会員	電　話	営　業（03）(5215)3165
工学書協会会員		編　集（03）(5215)3161
土木・建築書協会会員	F A X	（03）(5215)3233
Printed in Japan	振替口座	00140-4-10

ⓒJapan Institute of Wastewater Engineering Technology (JIWET), 2001

装幀　芳賀正晴　印刷・製本　技報堂

落丁・乱丁はお取り替え致します。

本書の無断複写は，著作権法上での例外を除き，禁じられています。

● 小社刊行図書のご案内 ●

書名	著者・訳者	判型・頁数
水質環境工学－下水の処理・処分・再利用	松尾友矩ほか監訳	B5・992頁
水処理工学－理論と応用（第二版）	井出哲夫編著	A5・738頁
急速濾過・生物濾過・膜濾過	藤田賢二編著	A5・310頁
活性汚泥のバルキングと生物発泡の制御	J. Wanner著／河野哲郎ほか訳	A5・336頁
産業廃水処理のための嫌気性バイオテクノロジー	R. E. Speece著／松井三郎ほか監訳	B5・154頁
生活排水処理システム	金子光美ほか編著	A5・340頁
環境微生物工学研究法	土木学会衛生工学委員会編	B5・436頁
コンポスト化技術－廃棄物有効利用のテクノロジー	藤田賢二著	A5・208頁
環境微生物制御技術者の手引き－関連法規・ガイドライン等の注解	日本防菌防黴学会編	A5・190頁
水環境と生態系の復元－河川・湖沼・湿地の保全技術と戦略	浅野孝ほか監訳	A5・620頁
自然の浄化機構	宗宮功編著	A5・252頁
自然の浄化機構の強化と制御	楠田哲也編著	A5・254頁
都市の水環境の創造	國松孝男・菅原正孝編著	A5・274頁
都市の水環境の新展開	岡太郎・菅原正孝編著	A5・180頁
非イオン界面活性剤と水環境－用途，計測技術，生態影響	日本水環境学会内委員会編著	A5・230頁
琵琶湖－その環境と水質形成	宗宮功編著	A5・270頁
江戸・東京の下水道のはなし［はなしシリーズ］	東京下水道史探訪会編	B6・166頁

技報堂出版　TEL編集03(5215)3161 営業03(5215)3165　FAX 03(5215)3233